# 超级电容器及其在储能系统中的应用

王　凯　李立伟　黄一诺　编著

机械工业出版社

本书重点分析了超级电容器及其在储能系统中的应用。全书共分为 7 章，第 1 章介绍了超级电容器的研究背景、分类和应用前景。第 2 章为电极材料的制备和性能研究，主要介绍了稀释法和模板法。第 3 章为电解质结构与材料，主要包括电解液概述、水电解质、有机电解质、离子液体和固态聚合物电解质。第 4 章为超级电容器结构设计及其储能特性研究，主要包括堆叠式超级电容器、卷绕式超级电容器和混合型超级电容器。第 5 章为超级电容器的热行为研究，主要包括堆叠式超级电容器的热行为研究、卷绕式超级电容器的热行为研究和混合型超级电容器的热行为研究。第 6 章为超级电容器测试系统的研究，主要包括恒流测试和恒压测试。第 7 章为超级电容器的健康管理。

本书可作为从事储能系统研究的技术人员的参考用书，也可作为电气信息类高年级本科或者研究生的教材。

**图书在版编目（CIP）数据**

超级电容器及其在储能系统中的应用/王凯，李立伟，黄一诺编著. —北京：机械工业出版社，2019.12（2025.1 重印）
ISBN 978-7-111-64394-4

Ⅰ.①超… Ⅱ.①王… ②李… ③黄… Ⅲ.①电容器-研究 Ⅳ.①TM53

中国版本图书馆 CIP 数据核字（2019）第 276376 号

机械工业出版社（北京市百万庄大街 22 号　邮政编码 100037）
策划编辑：罗　莉　责任编辑：罗　莉
责任校对：刘雅娜　封面设计：陈　沛
责任印制：邹　敏
北京富资园科技发展有限公司印刷
2025 年 1 月第 1 版第 3 次印刷
169mm×239mm · 8.5 印张 · 174 千字
标准书号：ISBN 978-7-111-64394-4
定价：49.80 元

电话服务　　　　　　　　　网络服务
客服电话：010-88361066　　机 工 官 网：www.cmpbook.com
　　　　　010-88379833　　机 工 官 博：weibo.com/cmp1952
　　　　　010-68326294　　金 书 网：www.golden-book.com
**封底无防伪标均为盗版**　机工教育服务网：www.cmpedu.com

# 前　言

　　超级电容器又称电化学电容器，是非常理想的能源存储设备，因其具有功率密度高、循环寿命长和使用温度范围宽等显著优势，已成为化学电源产业内新的亮点。作为一种大功率储能元件，超级电容器在轨道交通、现代通信、航空航天、国防等领域具有广泛的应用前景，全球需求量迅速增长。

　　超级电容器是从 20 世纪七八十年代发展起来的通过极化电解质来储能的一种电化学元件。超级电容器作为一种具有应用前景的新型储能装置，在国外已有相当多的公司或机构在从事这方面的研究与创新，有部分公司还实现了产品的商业化。目前，日本、美国、俄罗斯等在这方面处于领先地位，几乎占据了整个超级电容器市场。美、日、韩及欧洲等对超级电容器的应用进行了卓有成效的研究。这些国家和地区的超级电容器产品在质量、功率、价格等方面各有自己的特点和优势。另外，澳大利亚、印度以及欧洲的许多国家也在超级电容器的研发和产业化方面开展了大量的工作。

　　我国超级电容器的研究起步于 20 世纪 80 年代，目前国内对使用各种活性炭作为电极材料的超级电容器已经进行了一定的研究，并且有了商业应用。目前从发展状况来看，我国非常重视超级电容器的发展，在国家高技术研究发展计划（863 计划）中的电动汽车重大专项，把超级电容器作为一个重点项目进行研究开发。超级电容器在我国经历了从无到有、从小到大的发展过程，本书对超级电容器及其在储能系统中的应用进行一次全面的归纳和系统的总结。

　　本书重点分析了超级电容器及其在储能系统中的应用。全书共分为 7 章，第 1 章为超级电容器的研究背景、分类和应用前景。第 2 章为电极材料的制备和性能研究，主要包括稀释法和模板法。第 3 章为电解质结构与材料，主要包括电解液概述、水电解质、有机电解质、离子液体和固态聚合物电解质。第 4 章为超级电容器结构设计及其储能特性研究，主要包括堆叠式超级电容器、卷绕式超级电容器和混合型超级电容器。第 5 章为超级电容器的热行为研究，主要包括堆叠式超级电容器的热行为研究、卷绕式超级电容器的热行为研究和混合型超级电容器的热行为研究。第 6 章为超级电容器测试系统的研究，主要包括恒流测试和恒压测试。第7章为超级电容器的健康管理。

编者在此对书末所列参考文献的作者表示衷心感谢。

编者殷切希望使用本书的教师、同学和专业技术人员，对本书的内容、结构及疏漏、错误之处给予批评指正。

编　者

# 目　　录

# 第1章 概　述

受经济发展和人口增长的影响，一次能源消费量不断增加，随着经济规模的不断增大，能源消费量持续增长。全球变暖和化石燃料的日益枯竭迫使人们大力发展可持续和可再生能源，目前，解决日趋短缺的能源问题，仍是人类面临的巨大挑战之一。因此，学者们纷纷投身新能源领域，在寻找清洁、高效和可再生能源的同时，也积极关注能量存储。太阳能和风能作为最具有发展前景的新能源引起了学者们极大的兴趣，并得到了快速发展，然而这些能源并不稳定，如太阳能在夜晚不能工作，到达地球表面的太阳辐射的总量尽管很大，但是能流密度很低，受到昼夜、季节、地理纬度和海拔等自然条件的限制以及晴、阴、云、雨等随机因素的影响，所以，到达某一地面的太阳辐照度既是间断的，又是极不稳定的，效率低和成本高；风能的提供也存在不确定性，许多地区的风力有间歇性，风速不稳定，产生的能量大小不稳定，风力发电需要大量土地兴建风力发电场，进行风力发电时，风力发电机会发出巨大的噪声，因此需要储能系统对能量进行存储后再加以利用。随着石油资源日趋短缺，以及燃烧石油的内燃机尾气排放对环境的污染越来越严重（尤其是在大、中城市），人们都在研究替代内燃机的新型能源装置。目前针对混合动力、燃料电池、化学电池产品及应用的研究与开发，已经取得了一定的成效。但是由于它们固有的使用寿命短、温度特性差、化学电池环境污染严重、系统复杂、造价高昂等致命弱点，一直没有很好的解决办法。而超级电容器以其优异的特性扬长避短，可以部分或全部替代传统的化学电池用于车辆的牵引电源和起动能源，并且具有比传统的化学电池更加广泛的用途。近几年，超级电容器作为储能元件扮演越来越重要的角色，随着信息技术、电子产品和车用能源等领域中新技术的迅速发展，人们更加关注超级电容器的研究与开发。正因为如此，世界各国（特别是西方发达国家）都不遗余力地对超级电容器进行研究与开发[1]。

## 1.1　超级电容器的研究背景

从19世纪70年代至今，超级电容器的发展历经了很多重要的历程：20世纪50年代末，有科学家提议把由金属片构成的双层电化学电容器替换成由多空碳材料构成的电容器，并得到了实践的证明，换句话说，此时电化学电容器得到了飞速的进步；世界上第一个商用超级电容器于1971年问世，这标志着超级电容器已经开始进入市场化运作阶段；20世纪80年代，由于引入了赝电容电极材料，超级电容器的能量密度得到了大幅度提升，达到了之前从未达到过的法拉级别，至此，所谓的电化学电容器才被冠以真正意义上的超级电容器之名；20世纪90年代，超级电容器的发展前景被西方发达国家看重，他们纷纷提出了与之相关的重大项目。

1879年，Helmholz发现了双层电容性质，提出了双电层的概念，但是双电层超级电容器用于能量存储仅仅是近几十年的事情。1957年，Becker（美国通用公司，General Electric Co.，GE）提出了将接近电池比容的电容器作为储能元件。1968年，Sohio（美国标准石油公司，The Standard Oil Company）利用高比表面积炭材料制作了双电层电容器。1978年，日本大阪公司生产金电容，这种产品是最早商业化和批量生产的碳双电层电容器。1979年，日本电气股份有限公司（Nippon Electric Company，Limited）开始生产超级电容器，并将其用于电动汽车的起动系统。1980年，日本松下公司（Panasonic Corporation）研究了以活性炭为电极材料，以有机溶液为电解质的超级电容器。在此之后，超级电容器开始大规模产业化。1981年，美国得州大学奥斯汀分校（University of Texas at Austin）研制了一种新型超级电容器，可在不到1ms的时间内完成充电。1982年，新加坡国立大学（National University of Singapore，NUS）纳米科技研究所宣称开发出一种能够储能的隔膜，不需要电解液，从而避免超级电容器的漏液损坏，不仅降低了成本，还能够储存更多的能量。1995年，日本日产公司（Nissan Motor Company，ltd.）利用新型超级电容器进一步提升电池充电效率，10min能够将一辆电动汽车的电池充满。超级电容器在国外起步较早，美国、德国、日本和俄罗斯等国凭借多年的研究开发和技术积累，目前在世界上属于前列。美国《探索》杂志曾将超级电容器列为2006年世界七大科技发现之一，并将超级电容器的出现视为能量储存领域中一项革命性的突破。在一些需要高功率和高效率解决方案的设计中，工程师已开始采用超级电容器来取代传统的电池。

我国对超级电容器的研究起始于20世纪80年代初。目前，国内生产厂家大多以生产双电层电容器为主，如锦州凯美能源有限公司（辽宁锦州）、长沙巨力电子科技有限公司（湖南长沙）、集盛星泰新能源科技有限公司（江苏常州）、天津力神电池股份有限公司（天津滨海新区）、锦州富辰超级电容器有限责任公司（辽宁锦州）和锦州锦容超级电容器有限责任公司（辽宁锦州）等。这些公司将研究重点主要集中在大功率应用产品的开发，据相关统计，国产超级电容器在我国市场的占有份额已达到60%~70%。我国一些高等学校和科研院所，如香港科技大学、北京理工大学、苏州大学、南京理工大学、同济大学、上海交通大学和大连理工大学等都开展了对超级电容器电极材料、电解液和封装工艺的研究工作。

表1-1是3种常用储能装置的性能比较。由表可知，超级电容器是一种同时具有蓄电池和静电电容器的诸多优点的储能装置。

表1-1　3种常用储能装置的性能比较

| 性能参数 | 静电电容器 | 超级电容器 | 蓄电池 |
|---|---|---|---|
| 放电时间 | $10^{-6} \sim 10^{-3}$ s | $1 \sim 30$ s | $0.3 \sim 3$ h |
| 充电时间 | $10^{-6} \sim 10^{-3}$ s | $1 \sim 30$ s | $1 \sim 5$ h |
| 能量密度 | $< 0.1$ W · h/kg | $1 \sim 10$ W · h/kg | $20 \sim 180$ W · h/kg |
| 功率密度 | $> 10000$ W/kg | $1000 \sim 2000$ W/kg | $50 \sim 300$ W/kg |
| 循环寿命 | 几乎无限 | $> 100000$ 次 | $500 \sim 2000$ 次 |

**1. 超级电容器的优点**

（1）电容量高：超级电容器的容量最高可达到数千法拉，比同体积钽电解电容器、铝电解电容器的容量高数千倍。

（2）循环寿命长：超级电容器充放电过程根据其储能机理分为两种：一种情况是双电层物理过程，即充放电过程只有离子或电荷的转移，没有发生化学或电化学反应而引发电极相变；另外一种情况是电化学反应过程，这种反应过程具有良好的可逆性，不容易出现活性物质的晶型转变、脱落等影响使用寿命的现象。总而言之，无论发生的是上述哪种过程，超级电容器的电容量衰减很少，循环使用次数可达数十万次，是蓄电池循环使用次数的 $5 \sim 20$ 倍。

（3）充电时间短：超级电容器采用大电流进行充电，能够在几秒到几分钟的时间内快速充满，而蓄电池即使快速充电也需要几十分钟，并且经常快速充电还会影响使用寿命。

（4）高功率密度和高能量密度：超级电容器提供 $1000 \sim 2000$ W/kg 功率密度的同时，还可以输出 $1 \sim 10$ W · h/kg 的能量密度。由于这个原因，超级电容器适合应用在短时高功率输出的场合。超级电容器与蓄电池系统混合使用能形成一种既具有高功率密度又具有高能量密度的储能系统。

（5）工作温度范围宽：超级电容器工作温度范围为 $-40 \sim 70$℃，而一般电池的温度范围在 $-10 \sim 50$℃之间。

（6）运行可靠，免维护和环境友好：超级电容器有一定的抗过充能力，短时间内对其工作不会有太大影响，可保证系统运行的可靠性。

**2. 超级电容器的缺点**

（1）单体工作电压低：水系电解液超级电容器单体的工作电压一般为 $0 \sim 1.0$V。超级电容器高输出电压是通过多个单体电容器串联实现的，并且要求串联电容器单体具有很好的一致性。非水系电解液超级电容器单体的工作电压可达 3.5V，但实际使用过程中最高只有 3.0V，同时非水系电解质纯度要求高，需要在无水、真空等装配环境下进行生产。

（2）可能出现泄漏：超级电容器使用的材料虽然安全无害，但是如果安装位置不合理，仍然会出现电解质泄漏问题，影响超级电容器的正常性能。

（3）超级电容器一般应用在直流条件下，不适合应用在交流场合。

（4）价格较高：超级电容器的成本远高于普通电容器。

超级电容器是介于传统电容器和电池之间的一种新型储能装置，其容量可达几百至上千法拉。与传统电容器相比，它具有较大的容量、较高的能量、较宽的工作温度范围和极长的使用寿命；而与蓄电池相比，它又具有较高的功率密度，且对环境无污染。因此，超级电容器是一种高效、实用、环保的能量存储装置。几种能量存储装置的性能比较见表1-2。

表1-2　几种能量存储装置性能比较

| 元器件 | 能量密度/（W·h/kg） | 功率密度/（W/kg） | 充放电次数/次 |
|---|---|---|---|
| 普通电容器 | <0.2 | $10^4 \sim 10^6$ | $>10^6$ |
| 超级电容器 | 0.2 ~ 20 | $10^2 \sim 10^4$ | $>10^5$ |
| 充电电池 | 20 ~ 200 | <500 | $<10^4$ |

目前，对超级电容器性能描述的指标有：

1）额定容量：指按规定的恒定电流（如1000F以上的超级电容器规定的充电电流为100A，200F以下的为3A）充电到额定电压后保持2~3min，在规定的恒定电流放电条件下放电到端电压为零所需的时间与电流的乘积再除以额定电压值，单位为法拉（F）。

2）额定电压：即可以使用的最高安全端电压。击穿电压，其值远高于额定电压，约为额定电压的1.5~3倍，单位为伏特（V）。

3）额定电流：指5s内放电到额定电压一半的电流，单位为安培（A）。

4）最大存储能量：指额定电压下放电到零所释放的能量，单位为焦耳（J）或瓦时（W·h）。

5）能量密度：也称比能量。指单位质量或单位体积的电容器所给出的能量，单位为W·h/kg或W·h/L。

6）功率密度：也称比功率。指单位质量或单位体积的超级电容器在匹配负荷下产生电/热效应各半时的放电功率。它表征超级电容器所能承受电流的能力，单位为kW/kg或kW/L。

7）等效串联电阻（Equivalent Series Resistance，ESR）：其值与超级电容器电解液和电极材料、制备工艺等因素有关。通常交流ESR比直流ESR小，且随温度上升而减小。单位为欧姆（Ω）。

8）漏电流：指超级电容器保持静态储能状态时，内部等效并联阻抗导致的静态损耗，通常为加额定电压72h后测得的电流，单位为安培（A）。

9）使用寿命：是指超级电容器的电容量低于额定容量的20%或ESR增大到额定值的1.5倍时的时间长度。

10）循环寿命：超级电容器经历1次充电和放电，称为1次循环或叫1个周期。超级电容器的循环寿命很长，可达10万次以上。

在超级电容器的研制上，目前主要倾向于液体电解质双电层电容器和复合电极材料/导电聚合物电化学超级电容器。国外超级电容器的发展情况见表1-3。

表1-3 国外超级电容器的发展情况

| 公司名称 | 国家 | 技术基础 | 电解质 | 结　构 | 规　格 |
|---|---|---|---|---|---|
| Powerstor | 美国 | 凝胶碳 | 有机 | 卷绕式 | 3~5V, 7.5F |
| Skeleton | 美国 | 纳米碳 | 有机 | 预烧结碳-金属复合物 | 3~5V, 250F |
| Maxwell | 美国 | 复合碳纤维 | 有机 | 铝箔、碳布 | 3V, 1000~2700F |
| Superfarad | 瑞典 | 复合碳纤维 | 有机 | 碳布+粘合剂、多单元 | 40V, 250F |
| Cap-xx | 澳大利亚 | 复合碳颗粒 | 有机 | 卷绕式、碳颗粒+粘合剂 | 3V, 120F |
| ELIT | 俄罗斯 | 复合碳颗粒 | 硫酸 | 双极式、多单元 | 450F, 0.5F |
| NEC | 日本 | 复合碳颗粒 | 水系 | 碳布+粘合剂、多单元 | 5~11V, 1~2F |
| Panasonic | 日本 | 复合碳颗粒 | 有机 | 卷绕式、碳颗粒+粘合剂 | 3V, 800~2000F |
| SAFT | 法国 | 复合碳颗粒 | 有机 | 卷绕式、碳颗粒+粘合剂 | 3V, 130F |
| Los Alamos Lab | 美国 | 导电聚合物薄膜 | 有机 | 单一单元、导聚合物薄膜 PFPT+碳纸 | 2.8V, 0.8F |
| ESMA | 俄罗斯 | 混合材料 | 氢氧化钾 | 多单元、碳+氧化镍 | 1.7V, 50000F |
| Evans | 美国 | 混合材料 | 硫酸 | 单一单元、氧化钌+锂箔 | 28V, 0.02F |
| Pinnacle | 美国 | 混合金属氧化物 | 硫酸 | 双极式、多元化、氧化钌+锂箔 | 15V, 125F |
| US Army | 美国 | 混合金属氧化物 | 硫酸 | 双极式、多元化、含水氧化钌 | 5V, 1F |

在超级电容器的产业化上，最早是1980年NEC、TOKIN公司的产品与1987年松下、三菱公司。这些电容器标称电压为2.3~6V，年产量数百万只。20世纪90年代，俄罗斯ECOND公司和ELIT生产了SC牌电化学电容器，其标称电压为12~450V，电容从1F至几百F，适合于需要大功率起动动力的场合。总的来说，当前美国、日本、俄罗斯的产品几乎占据了整个超级电容器市场，实现产业化的超级电容器基本上都是双电层电容器。一些双电层超级电容器产品的部分性能参数列于表1-4。

表1-4 双电层超级电容器产品的部分性能参数

| 公司名称 | 电极材料 | 电解液 | 能量密度 /(W·h/kg) | 功率密度 /(W/kg) |
|---|---|---|---|---|
| FY | 碳 | $H_2SO_4$ | 0.33 | — |
| FE | 碳 | $H_2SO_4$ | 0.01 | — |
| Panasonic | 碳 | 有机溶液 | 2.2 | 400 |
| Evans | 碳 | $H_2SO_4$ | 0.2 | — |
| Maxwell-Aubum | 复合碳/金属 | KOH | 1.2 | 800 |
| Maxwell-Aubum | 复合碳/金属 | 有机溶液 | 7 | 2000 |
| Livemore National Laboratory | 碳气凝胶 | KOH | 1 | — |
| Sandia National Laboratory | 碳（合成） | 水溶液 | 1.4 | 1000 |

在我国，北京有色金属研究总院、锦州电力电容器有限责任公司、北京科技大学、北京化工大学、北京理工大学、北京金正平科技有限公司、陆军防化学院、哈尔滨巨容新能源有限公司、上海奥威科技开发有限公司等正在开展超级电容器的研究。2005 年，由中国科学院电工所承担的 863 项目"可再生能源发电用超级电容器储能系统关键技术研究"通过专家验收。该项目完成了用于光伏发电系统的 300W·h/kW 超级电容器储能系统的研究开发工作。另外，华北电力大学等有关课题组，正在研究将超级电容器储能（Supercapacitor Energy Storge System，SESS）系统应用到分布式发电系统的配电网。但从整体来看，我国在超级电容器领域的研究与应用水平明显落后于世界先进水平[2]。

在超级电容器的使用中，应注意以下问题：①超级电容器具有固定的极性，在使用前应确认极性；②超级电容器应在标称电压下使用。因为当电容器电压超过标称电压时会导致电解液分解，同时电容器会发热，容量下降，内阻增加，使其寿命缩短；③由于 ESR 的存在，超级电容器不可应用于高频率充放电的电路中；④当对超级电容器进行串联使用时，存在单体间的电压均衡问题，单纯的串联会导致某个或几个单体电容器因过电压而损坏，从而影响其整体性能。

随着电力系统的发展，分布式发电技术越来越受到重视。储能系统作为分布式发电系统必要的能量缓冲环节，因而其作用越来越重要。超级电容器储能系统利用多组超级电容器将能量以电场能的形式储存起来，当能量紧急缺乏或需要时，再将存储的能量通过控制单元释放出来，准确快速地补偿系统所需的有功和无功，从而实现电能的平衡与稳定控制。2005 年，美国加利福尼亚州建造了 1 台 450kW 的超级电容器储能装置，用以减轻 950kW 风力发电机组向电网输送功率的波动。

除此之外，储能系统对电力系统配电网电能质量的提高也可起到重要的作用。通过逆变器控制单元，可以调节超级电容器储能系统向用户及网络提供的无功功率及有功功率，从而达到提高电能质量的目的。

我国 20 世纪 60~80 年代建设的 35kV 变电站及 10kV 开关站，绝大多数高压开关（断路器）的操动机构是电磁操动机构。在变电站或配电站的配电室中均配有相应的直流系统，用作分合闸操作、控制和保护的直流电源。这些直流电源设备，主要是电容储能式硅整流分合闸装置和部分由蓄电池构成的直流屏。电容储能式硅整流分合闸装置由于结构简单、成本低、维护量小而在当时得到广泛应用，但是在实际使用中却存在一个致命缺陷：事故分合闸的可靠性差。其原因是储能用电解电容的容量有限，漏电流较大。由蓄电池构成的直流屏虽然能存储很大的电能，在一些重要的变、配电站中成为必需装置，但由于其运营成本极高、使用寿命不长，因此这些装置只能用于 110kV 级别的变电站，难以推广使用。

超级电容器以其超长使用寿命、频繁快速的充放电特性、便宜的价格等优点，使解决上述问题成为可能。如用 2 只 0.85F，240/280V 的超级电容器并后就可完全替代笨重的、需要经常维护的、有污染的蓄电池组。由于一次合闸的能耗只相当于超级电容器所储能量（70kJ）的3%，而这一能量在浮充电路中又可很快被补充，因而完全适应连续频繁的操动，且具有极高的可靠性。

尽管许多用户选择不间断电源（Uninterrupted Power Supply, UPS）作为电网断电或电网电压瞬时跌落时设备电源的补救装置，但对于电压瞬时跌落而言，UPS显得有些大材小用。UPS由蓄电池提供电能，工作时间持续较长。但是，由于蓄电池自身的缺点（需定期维护、寿命短），使UPS在运行中需时刻注意蓄电池的状态。而电力系统电压跌落的持续时间往往很短（10ms~60s），因此在这种情况下使用超级电容器的优势比UPS明显：其输出电流可以几乎没有延时地上升到数百安，而且充电速度快，可以在数分钟内实现能量存储，便于下次电源故障时作用。因此尽管超级电容器的储能所能维持的时间很短，但当使用时间在1min左右时，它具有无可比拟的优势——50万次循环、不需护理、经济。在新加坡，ABB公司生产的利用超级电容器储能的动态电压恢复装置（DVR）安装在4MW的半导体工厂，以实现160ms的故障穿越。

静止同步补偿器（STATCOM）是灵活交流输电技术（FACTS）的主要装置之一，代表着现阶段电力系统无功补偿技术新的发展方向。它能够快速连续地提供容性和感性无功功率，实现适当的电压和无功功率控制，保障电力系统稳定、高效、优质地运行。基于双电层电容储能的STATCOM，可用来改善分布式发电系统的电压质量。其在300~500kW功率等级的分布式发电系统中将逐渐替代传统的超导储能。经济性方面，同等容量的双电层电容储能装置的成本同超导储能装置的成本相差无几，但前者几乎不需要运行费用，而后者却需相当多的制冷费用。

对于超级电容器，今后要研究的方向和重点是：利用超级电容器的高比功率特性和快速放电特性，进一步优化超级电容器在电力系统中的应用。此外，在我国大力发展新能源这一政策指导下，在光伏发电领域、风力发电领域，超级电容器以其快充快放等特点为改进和发展关键设备提供了有利条件。

## 1.2 超级电容器的分类

超级电容器作为一种绿色的新型储能元件，在电动汽车、分布式发电系统等领域具有广阔的应用前景[3]。超级电容器按照储能原理不同可分双电层超级电容器、赝电容和混合型超级电容器3类。

### 1. 双电层超级电容器

双电层超级电容器是利用电极和电解液之间形成的界面双电层来存储能量。双电层型超级电容器，在制造材料上进行了改变，如：活性炭电极材料，结合高比表面积的活性炭材料加工后制成电极；炭气凝胶电极材料，结合前驱材料制备凝胶，再进行碳化活化处理作为电极。当电极和电解液接触时，由于库仑力、分子间力或者原子间力的作用，致使固态和液态界面出现稳定、符号相反的双层电荷，称为界面双电层。

2. 赝电容

赝电容在一般情况下也称作法拉第准电容，是指在电极表面或体相中的二维或准二维空间上，活性物质进行欠电位沉积，发生高度可逆的化学吸附/脱附或者氧化/还原反应，从而产生法拉第电容。赝电容型超级电容器，一般采用了金属氧化物电极材料、聚合物电极材料，它可以分为吸附赝电容和氧化还原赝电容。

3. 混合型超级电容器

混合型超级电容器可划分为以下 3 种类型（依据不同类型的电极材料）：

1）由同时具有双电层电容特征的电极和赝电容特征的电极，或者由两种不同类型赝电容的电极材料组成。

2）由超级电容器电极和电池的电极组成。

3）由电解电容器的阳极和超级电容器的阴极组成。混合型超级电容器的两极一般分别采用具有高能量密度的活性物质"电池型"材料和具有高功率密度的"电容型"材料，因此具有两者的优点。

## 1.3　超级电容器的应用前景

超级电容器也叫作电化学电容器，它性能稳定，比容量为传统电容器的 20 ~ 200 倍，比功率一般大于 1000W/kg。循环寿命和可存储的能量比传统电容要高得多，并且充电快速。由于它们的使用寿命非常长，可被应用于终端产品的整个生命周期。当高能量电池和燃料电池与超级电容器技术相结合时，可实现高功率密度、高能量密度特性和长的工作寿命。近年来，大功率超级电容器在电动车、太阳能装置、重型机械等领域所表现出的朝阳产业趋势，许多发达国家都已把超级电容器项目作为国家重点研究和开发项目，超级电容器的国内外市场正呈现出前所未有的蓬勃景象。

超级电容器的应用已经日渐成熟，在工业、通信、医疗器械、军事装备和交通等领域得到广泛的应用[4]。从小容量的应急储能到大规模的电力储能，从单独储能到与蓄电池或燃料电池组成混合储能系统，超级电容器均显示出独特的优越性。概括起来，超级电容器的应用方向可分为以下 4 个领域。

1. 小功率电子设备的主电源、替换电源或后备电源

1）主电源：超级电容器适合应用于主电源。典型的应用有电动玩具，其作为主电源的优点是体积小、重量轻、功率密度大和能够迅速地起动。

2）替换电源：超级电容器也适合应用于替换电源。典型的应用有路标灯、太

阳能手表、交通信号灯和公共汽车停车站时间表灯等。

3）后备电源：超级电容器广泛应用于后备电源。典型的应用有车载计量器、车载计费器、无线电波接收器和照相机等。

## 2. 混合电动汽车和电动汽车

超级电容器的寿命是电化学电池（蓄电池和锂离子电池等）的数百倍，并且不需要维护，因此超级电容器应用于电动汽车的总费用远低于一般电化学电池的电动汽车[5]。当前世界各国均在开发电动汽车，其中投入最大的是混合电动汽车（Hybrid Electric Vehicle）。混合动力汽车是应用蓄电池为电动汽车提供正常运行功率，而加速和爬坡时需要瞬时大功率的场合应用超级电容器来补充功率，同时，应用超大容量电容器存储制动时产生的再生能量。所以，电动汽车应用超级电容器后具有起步快、加速快和爬坡能力强等优点。

## 3. 可再生能源发电系统和分布式电力系统

超级电容器可以充分发挥储能密度高、功率密度大、循环寿命长和无须维护等优点，既可以单独储存能量，又可以与其他储能系统混合储能。超级电容器可以与太阳能电池相结合，应用在路灯、交通警示牌和交通标志灯等，还可以应用于分布式发电系统，比如风力发电站，水力发电站等，通过超级电容器储能可以对系统起到瞬间功率补偿的作用，用来提高供电系统的稳定性和可靠性。这种供电方式能够很好地补偿发电设备的输出功率不稳定和不可预测的特点。

## 4. 能量缓冲器

能量缓冲器是由超级电容器和功率变换器组成，它主要应用于电梯等变频驱动系统。当电梯加速上升时，能量缓冲器向驱动系统中的直流母线供电，提供电动机所需的峰值功率；当电梯减速下降时，能量缓冲器吸收电动机回馈的能量。

超级电容器在便携式仪器仪表中如驱动微电动机、继电器、电磁阀中可以替代电池工作。它可以避免由于瞬间负载变化而产生的误操作。超级电容器还可用于对照相机闪光灯进行供电，可以使闪光灯达到连续使用的性能，从而提高照相机连续拍摄的能力。它应用在可拍照手机上，能使得拍照手机可以使用大功率 LED。超级电容器技术还可应用在移动无线通信设备中。这些设备往往采用脉冲的方式保持联络，由于超级电容器的瞬时充放电能力强，可以提供的功率大，因此在这一领域的应用非常广阔。在众多大型石化、电子、纺织等企业的重要电力系统特别是在大功率系统上的瞬态稳压稳流，超级电容器几乎是不可替代的元件。另外，芯片企业在选址时考虑电力的波动也是一个非常重要的环节，而超级电容器系统则可以完全解决这个问题。

超级电容器在短时 UPS 系统、电磁操作机构电源、太阳能电源、汽车防盗、汽车音响等系统上也具有不可替代的作用。在风力发电或太阳能发电系统中，由于风力与太阳能的不稳定性，会引起蓄电池反复频繁充电，导致寿命缩短，超级电容器可以吸收或补充电能的波动，从而解决这一问题。超级电容器在电动汽车、混合燃料汽车和特殊载重车辆方面也有着巨大的应用价值和市场潜力。作为电动汽车和混合动力汽车的动力电源，可以单独使用超级电容器或将其与蓄电池联用。这样，超级电容器在用作电动汽车的短时驱动电源时，可以在汽车起动和爬坡时快速提供大电流从而获得功率以提供强大的动力；在正常行驶时由蓄电池快速充电；在制动时快速存储发电机产生的瞬时大电流，从而减少电动汽车对蓄电池大电流放电的限制，延长蓄电池的循环使用寿命，提高电动汽车的实用性超级电容器在电动助力车市场上的应用也正在扩展。电动助力车上的蓄电池由于其充放电电流要求苛刻，能量难以进行瞬时回收，而超级电容器非常容易满足这些要求。超级电容器在电动助力车起动、加速与爬坡时对系统进行能源补充，并在制动时完全回收能量，提高系统性能。

　　超级电容器作为 21 世纪重点发展的新型储能产品之一，正在为越来越多的国家和企业争相研制和生产，其进步之迅速有目共睹。在 1991 年举办的第 1 届国际双电层电容器与混合能量存储器年会中，最大的单体电容器是由松下公司设计开发的容量为 470F 的电容器，其电压为 2.3V。而今天，松下公司生产的相同尺寸的单体电容器，其容量已经超过了 2000F。同时，不只是松下公司，世界上许多公司都已经开始进入到这个领域中来。这些公司主要从事发展大型制造技术和市场销售，以便使电容器产品能够和市场上的便携式电子设备和脉冲功率用电器配套使用。可以说，如今的超级电容器市场已经进入群雄逐鹿的时代：Maxwell 在 San Diego 的公司是美国最主要的大型电化学电容器的生产厂家；PowerStor 公司是由 Lawrence Livermore 实验室的炭气凝胶技术发展起来的，现在已经颇具规模；韩国的 Ness 公司，一开始就对小型储能器感兴趣，它的产品已经遍及整个市场，从小型的一直到最大型的，都有产品生产，现在已经发展成为一支在电化学电容器脉冲功率性能方面独占鳌头的公司；德国的 Siemens Matsushita 公司的产品也大大超越了其以前所有的产品，它所属 Maxwell 公司旗下，后成为 EPCOS 公司；最近，作为世界电解电容器行业中重要成员之一的日本化学公司，现在也已正式加入到超级电容器行业中——由 Okamura 先生创办的 Power System 公司现在已经拥有了一条大型产品的生产线；俄罗斯的 ECOND 公司、ELIT 公司和 ESMA 公司的某些产品也是超级电容器队伍中不可小觑的力量，其中，俄罗斯的 ESMA 公司是生产无机混合型超级电容器的代表。

　　近年来，我国一些公司也开始积极涉足这一产业，并已经具备了一定的技术实力和产业化能力，重要企业有锦州富公司、北京集星公司、北京合众汇能、上海奥威公司、锦州锦容公司、石家庄高达公司、北京金正平公司、锦州凯美公司、大庆振富科技、哈尔滨巨容公司、南京集华公司、新宙邦公司等。其中新宙邦公司现已成为全球主流的超级电容器制造商，如美国 Maxwell 公司、REDI 公司等上游厂商的合格供应商，并逐步实现批量供货；国内客户主要有北京集星、北京合众汇能、锦州凯美等公司。自 2009 年起，公司客户及订单量不断增加，有望成为世界主流的超级电容器厂商的主要供应商之一。

随着近年来超级电容器在电动汽车上的应用，其市场也变得越来越广阔。目前的汽车动力电池市场主要由以下四部分组成：铅酸电池，目前多用于电动自行车；金属氧化物镍电池，价格昂贵，行驶距离短，电动汽车上没前景；磷酸铁锂电池，价格较贵，已经在电动汽车上使用，一次充电可行驶 100～120km，需要起动汽油机的混合动力来延长里程；超级电容动力电池，价格便宜，免维护，拥有 10 万～50 万次的充放电循环寿命，也许不久就会成为动力电池的主流。由高纯钛酸钡制造的超级电容器和金属氧化物镍电池/磷酸铁锂动力电池相比，具有能量密度高、电能利用率高、安全、价格便宜等优势。美国能源部最早于 20 世纪 90 年代就在《商业日报》上发表声明，强烈建议发展电容器技术，并使这项技术应用于电动汽车上。在当时，加利福尼亚州已经颁布了零排放汽车的近期规划，而这些使用电容器的电动汽车则被普遍认为是正好符合这个标准的汽车。电容器就是实现电动汽车实用化的最具潜力、最有效的一项技术。能源部的声明使得像 Maxwell Technologies 等一些公司开始进入电化学电容器这一技术领域。时间飞逝，技术的进步为电化学电容器在混合动力车中回收可再生制动能量中的应用铺平了道路。现在，这些混合动力车已经在高度动力混合的城市公交车系统中开始应用。

日本富士重工的电动汽车使用日立电机公司制作的锂离子蓄电池和松下电器公司制作的储能电容器的联用装置；日本本田公司更是将超级电容器与汽油机相结合，研制出一种综合电动机助力器系统，大大降低了内燃机的排放，并可回收制动能量，通过安装在小客车上极大地降低汽油机燃油消耗量而使其成为低排放的节能汽车；日本丰田公司研制的混合电动汽车，其排放与传统汽油机车相比：$CO_2$ 下降 50%，CO 和 NO 降低 90%，燃油节省一半。

在我国，随着针对私人购买新能源汽车的财政补贴政策的正式出台，市场人士指出，这将成为超级电容器进一步发展的契机。在新能源汽车领域，通常超级电容器与锂离子电池合并使用，二者完美结合形成了性能稳定、节能环保的动力电源，可用于混合动力汽车及纯电动汽车。锂离子电池解决的是汽车充电储能和为汽车提供持久动力的问题，超级电容器的使命则是为汽车起动、加速时提供大功率辅助动力，在汽车制动或怠速运行时收集并储存能量。在国内涉足新能源汽车的厂商中，已有众多厂商选择了超级电容器与锂离子电池配合的技术路线。例如安凯客车的纯电动客车、海马并联纯电动轿车 MPe 等车型采用锂离子电池/超级电容器动力体系。此外，上海奥威科技开发有限公司研发的将普通活性炭经高技术改性为高纯度活性炭，并制成电储新材料用于超级电容器的技术已实现产业化。他们生产的超级电容器开始用于新能源车。

在不断扩大的市场需求面前，超级电容器行业还处于起步阶段，现有超级电容器产品还存在不完善之处，寻找能够服现有产品功能不足的新技术方案，提升产品性能，降低产品价格，拓宽产品在新领域的应用，加强其与动力电池的合作才是超级电容器未来的发展趋势和方向，尤其是其在新能源车领域的应用更决定了其战略价值，吸引了全球大量的人力物力来研发[6]。美国、日本等国家的一些公司凭借多年的开发经验和技术积累，目前在超级电容器的产业化方面处于领先地位。随着我国经济结构的深入调整，相信我们终将会发现其价值，并将陆续出台强有力的产业扶持政策以促进该战略性产品上下游产业链的发展。

# 第2章 电极材料的制备和性能研究

## 2.1 引言

超级电容器的储能特性是制约其推广应用的关键因素，而电极材料的性能则决定其储能特性。因此，研究性能优良的电极材料对提高超级电容器的储能特性是至关重要的。电极材料的性能与制备方法密切相关，本节首先提出了一种稀释法制备氢氧化镍，并在此基础上进一步制备性能良好的氧化镍；由于镍的化合物电极材料性能不稳定，距离实用化要求还有一段进程，所以从实用化角度出发，利用模板法制备了有序介孔炭，并分析和研究上述材料的微观结构和电化学性能。

## 2.2 稀释法制备氢氧化镍

二氧化钌是一种理想的电极材料，但是价格过于昂贵，从实用化的角度来看还无法在民用领域推广，当今研究重点是寻求一种可以替代二氧化钌的廉价材料[7]。基于此，氧化锰（$MnO_2$）、氧化钴（$Co_3O_4$）、氢氧化镍［$Ni(OH)_2$］和氧化镍（$NiO$）等过渡金属化合物均成为研究对象，其中氢氧化镍由于廉价、环境友好、理论容量大和在碱性溶液中稳定性好等优点，受到广泛重视[8,9]。为了得到分散性能良好的氢氧化镍沉淀产物，需要使其沉淀析出速度尽量放缓，故提出了一种稀释方法制取纳米氢氧化镍。

### 2.2.1 氢氧化镍的制备

氢氧化镍的制备采用稀释法。该方法的关键所在是控制氢氧化钠的浓度，首先制备稀释的氢氧化钠溶液，然后使其缓慢地滴入硫酸镍溶液中，由此使氢氧化镍尽可能缓慢地析出。该方法无须分散剂，制备方法简单，原材料价格低廉容易得到。制备装置示意图如图2-1所示。

制备原理如下：

1）加热主反应室产生水蒸气。控制主反应室加热温度来控制反应速度，主反

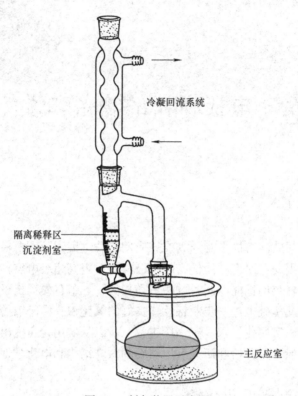

冷凝回流系统

隔离稀释区
沉淀剂室

主反应室

图 2-1　制备装置示意图

应室加热温度为 105 ~ 125℃；由于主反应的温度越高，反应越快，水蒸气回流越快，沉淀剂析出越快。

2）水蒸气通过冷凝回流系统进入隔离稀释区，经过隔离稀释区的石英砂得到稀释的沉淀剂溶液。

3）步骤2）中，稀释液溢流进入主反应室内，使可溶性的镍盐沉淀缓慢析出；沉淀剂室位于隔离稀释区的下方，连接限流阀门。

上述的沉淀剂使用氢氧化钾或氢氧化钠等可溶性的碱，前驱体使用可溶性的镍盐，包括硫酸镍、氯化镍或硝酸镍等。隔离稀释区石英砂的厚度控制在 0.5 ~ 3.0cm，石英砂厚度越厚，沉淀剂析出的速度越慢。

通过优化实验使石英砂厚度控制在 2cm，主反应室加热温度控制在 115℃，称取 7.8g 六水合硫酸镍（$NiSO_4 \cdot 6H_2O$，AR）加入 30mL 的去离子水中（预先加入适量聚乙二醇作为分散剂），搅拌均匀后加入主反应室内；在沉淀剂室中加入 2.4g 的氢氧化钠（NaOH，AR），其上层隔离稀释区铺盖一层厚度为 2cm 的石英砂；在 115℃下加热主反应室 8h 停止，待冷却至室温后过滤，再用去离子水反复洗涤 3 次离心过滤，在 80℃下干燥 2h，得到绿色 $Ni(OH)_2$ 样品，将样品研细待用。

## 2.2.2 电极制备和性能测试

首先将制备的氢氧化镍样品用玛瑙研钵充分研磨，然后将氢氧化镍和石墨按照9∶1质量比例混合，用研钵研磨30min，使其充分混合，加入无水乙醇调成浆状，用超声波振荡35min使其进一步混合均匀，加入适量的聚四氟乙烯作为黏合剂。用辊轧机压成厚度为0.5mm的薄片，在80℃下烘干至恒重。将电极用12MPa的压力压制到泡沫镍网集流体上，将其切割成1cm×1cm的电极片作为工作电极。电解液选取3mol/L的氢氧化钾溶液（KOH），饱和甘汞电极（Saturated Calomel Electrode，SCE）为参比电极，铂片（Pt）为辅助电极组成三电极体系。

恒流充放电和循环伏安测试采用三电极体系，实验均使用CHI608A型电化学工作站（上海辰华仪器公司）进行测试。

电极材料的X射线衍射（X-Ray Diffraction，XRD）采用日本Mac M18$^{ce}$型衍射仪表征，测试环境：Cu $\alpha$ 辐射（$\lambda = 1.5418$Å），扫描速度为10°/min，扫描范围 $2\theta = 5° \sim 90°$，管电流100mA，管电压40kV。微观形貌的表征在扫描电镜（SEM，JEOL JSM-5600LV，工作电压为15kV）上进行。

## 2.2.3 实验结果与讨论

图2-2所示为氢氧化镍的XRD图谱。XRD图谱表明存在（001），（002），（100），（101），（112），（110）衍射峰。与标准谱图（JCPDS card 22-0752，$a = 0.3131$nm，$c = 0.6898$nm）相吻合，可确定样品为纯相的 $\alpha$-Ni(OH)$_2$。

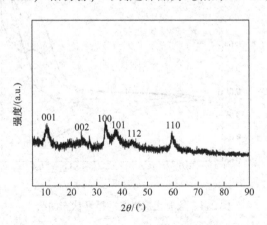

图2-2 氢氧化镍的XRD图谱

图2-3所示为氢氧化镍的扫描电镜图片。由图可知，Ni(OH)$_2$是由薄片堆积而成的鳞片状形貌。此结构能够有利于电极与电解液的接触，提高了电极材料的比表面积，使其能够与电解液充分地浸润。

图 2-3 氢氧化镍的扫描电镜图片

图 2-4 所示为氢氧化镍电极的循环伏安曲线（$a=1\text{mV/s}$；$b=2\text{mV/s}$）。测试条件是将氢氧化镍工作区间设置为 $-0.05\sim0.50\text{V}$（与 SCE 相比），在 3mol/L 的 KOH 电解液中进行循环伏安测试。由图可知，循环伏安曲线没有呈现规则的矩形特征，存在明显的氧化还原峰，其中氧化峰对应于镍原子由 $Ni^{2+}$ 氧化为 $Ni^{3+}$，还原峰对应其逆过程。在 0.20V 和 0.42V 左右存在明显的氧化还原峰，表明此电位附近伴随有赝电容产生。经计算可得，在扫描速度为 1mV/s 和 2mV/s 时，最高比容量分别为 1250F/g 和 1100F/g。

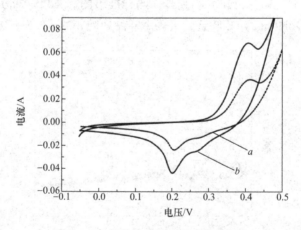

图 2-4 氢氧化镍电极的循环伏安曲线

图 2-5 所示为氢氧化镍电极的恒流放电曲线（$a=2\text{mA}$；$b=5\text{mA}$；$c=10\text{mA}$）。经计算当放电电流为 2mA、5mA 和 10mA 时，比容量分别为 1300F/g、1200F/g 和 1000F/g。由此可得，随着电流的增大，比容量变小。

在 10mA 恒流电流条件下连续循环充放电若干次，氢氧化镍电极的循环性能如图 2-6 所示。由图可知，初次循环比容量高达 1000F/g，达到 200 次循环后比容量

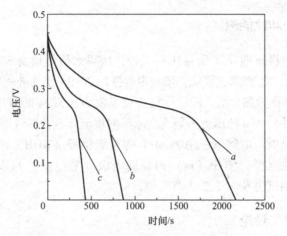

图2-5 氢氧化镍电极的恒流放电曲线

稳定于930F/g（容量保持在93%以上），表明此材料具有良好的容量保持率。由于在充放电过程中电极材料发生了物质之间的传递以及重结晶导致电极材料纳米片的尺寸发生变化，从而增大了纳米片的尺寸以及减小了纳米片之间的间隙。

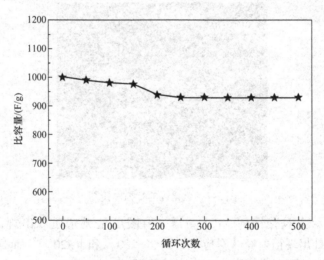

图2-6 氢氧化镍电极的循环性能

## 2.3 稀释法制备氧化镍

### 2.3.1 氧化镍的制备

以2.2节所述制备的氢氧化镍样品为基础，用管式炉在氮气（$N_2$）保护下300℃加热3h，得到氧化镍，然后将样品研细待用。

17

### 2.3.2 电极制备和性能测试

将氧化镍和石墨按照 9:1 质量比例混合，用玛瑙研钵研磨 30min，使其充分混合，加入足够的无水乙醇调成浆状，用超声波振荡 30min 使其进一步混合均匀，加入适量的聚四氟乙烯作为黏合剂。用辊轧机压成厚度为 0.5mm 的薄片，在 80℃ 下烘干至恒重。将电极用 12MPa 的压力压制到泡沫镍网集流体上，然后切割成 1cm×1cm 的电极片作为工作电极，电解质采用 3mol/L 的氢氧化钾（KOH）溶液，饱和甘汞电极（SCE）为参比电极，铂片（Pt）为辅助电极（对电极）组成三电极体系，物理和电化学性能测试方法与 2.2.2 节一致。

### 2.3.3 实验结果与讨论

图 2-7 所示为氧化镍的扫描电镜图。由图可知，NiO 是由薄片堆积而成的花球状，直径为 500nm 左右。这种结构有利于材料与电解液的接触，可提高电极材料的比表面积，使其能够与电解液充分地浸润。

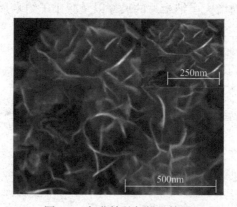

图 2-7　氧化镍的扫描电镜图

图 2-8 所示为氧化镍的 XRD 图谱，由图可见无杂质峰出现，仅在 37.3°、43.3° 和 62.9° 处出现衍射峰 [对应（111），（200）和（220）]，而且 62.9°峰较宽和花球状形貌可推测此晶体为 44~1159。除了在 $2\theta = 37.3°$ 处有一强峰外，其余的衍射峰强度均较小，半峰宽较大，表明晶化程度较小，有研究表明结晶程度小的材料更适用于超级电容器电极材料。

设定工作区间为 0~0.45V（与 SCE 相比），扫描速度分别为 1mV/s 和 2mV/s，将氧化镍在 3mol/L 的氢氧化钾（KOH）电解液中进行循环伏安测试，循环伏安曲线如图 2-9 所示。由图可知，循环伏安曲线没有呈现规则的矩形特征，存在明显的氧化还原峰。其中氧化峰相对 $Ni^{2+}$ 氧化为 $Ni^{3+}$，还原峰对应其可逆过程，在 0.22V 和 0.35V 处存在较明显的氧化还原峰，表明此电位附近伴随有赝电容产生。

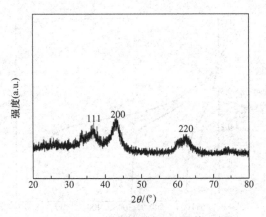

图 2-8 氧化镍的 XRD 图谱

由公式 $C_m = I \cdot \Delta t / (\Delta U \cdot m)$ 可得当扫描速度为 1mV/s 和 2mV/s 时，电极材料的最高比容量分别为 608F/g 和 580F/g。

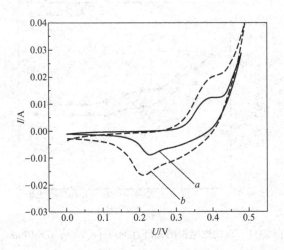

图 2-9 氧化镍电极的循环伏安曲线 ($a = 1$mV/s; $b = 2$mV/s)

图 2-10 所示为氧化镍电极的恒流放电曲线，电压范围为 0~0.37V。经计算在放电电流为 5mA、10mA 和 20mA 时，电极材料的比容量分别为 405F/g、392F/g 和 300F/g。

分别在 5mA 和 10mA 的恒定电流下进行连续循环充放电实验，氧化镍电极的循环性能如图 2-11 所示。可知当充放电电流为 5mA 时，初次循环比容量高达 405F/g，达到 200 次循环后比容量稳定于 365F/g（容量保持在 90% 以上）；在充放电电流为 10mA 时，初次循环比容量为 392F/g，达到 200 次循环后比容量稳定于 355F/g（容量保持在 91% 以上）。这可能是在循环初期，电流流动引起球状表面破坏，从而造成了比表面积减小。由此可得，随着电流的增大，比容量有所减小，但容量保持率基本不变。

19

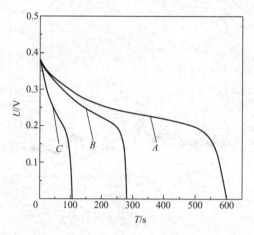

图 2-10　氧化镍电极的恒流放电曲线（$A=5\text{mA}$；$B=10\text{mA}$；$C=20\text{mA}$）

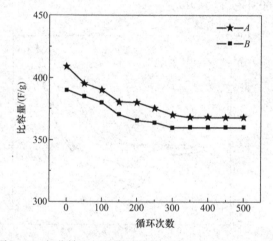

图 2-11　氧化镍电极的循环性能（$A=5\text{mA}$；$B=10\text{mA}$）

## 2.4　模板法制备有序介孔炭

　　有序介孔炭（Ordered Mesoporous Carbon，OMC）材料由于其结构、形貌、组分上的多样性以及不仅具有高的比表面积、大的孔容和均一的孔径分布特点，还具有很好的热稳定性，良好的导电性，高的机械强度和良好的化学惰性等特点，是有望取代活性炭和碳纤维的超级电容器材料[10,11]。

　　介孔炭的合成方法包括有机凝胶碳化法、催化气化法和模板法。催化剂活化法是指利用金属或者金属化合物对碳物质或者碳前驱体进行催化气化，得到多孔的碳材料[12]。有机凝胶法是指将溶胶—凝胶法制备的有机凝胶进行碳化，从而得介孔碳材料。催化剂活化法和有机凝胶碳化法都存在共同的缺点，得到的介孔炭的孔道结构、尺寸和孔径分布无法精确控制，而模板法由于能够精确控制孔径尺寸及其分布，并且能够合成出具有规整孔道结构的介孔炭材料，所以近年来被广泛应用于有序介孔炭的制备中。

## 2.4.1 有序介孔炭的制备

称取5.0g的F127溶解在20g去离子水与16g无水乙醇的混合溶液中，在磁力搅拌下，逐滴缓慢加入0.4g盐酸（37wt%）和3.3g间苯二酚。室温下搅拌2h，溶液变成淡黄色，在磁力搅拌下逐滴缓慢加入4.9g甲醛溶液（37wt%），继续搅拌5h。将溶液在暗室中静置72h，有明显的分层。上层为无色透明溶液，下层为乳白色黏稠物。倾出上层清液，85℃烘干下层黏稠物，72h得到淡黄色固体产物。将产物置于管式炉中，在氮气保护下以1℃/min的升温速率从室温升至850℃并保持3h，然后球磨10h，得到介孔炭。

## 2.4.2 电极制备和性能测试

将所制得有序介孔炭去离子水反复冲洗，使用全方位行星式球磨机（QM-QX04，南京大学仪器厂）球磨2h。然后将处理的有序介孔炭和石墨按照9∶1质量比例混合，用玛瑙研钵研磨60min，使其充分混合，加入无水乙醇调成浆，用超声波振荡30min使其进一步混合均匀，加入适量的聚四氟乙烯作为黏合剂。用辊轧机将电极用12MPa的压力压制到泡沫镍网集流体上，然后切割成1cm×1cm的正方形工作电极片，在80℃下烘干至恒重待用。

电极材料XRD图谱采用日本Mac M18$^{ce}$型衍射仪表征，测试环境：Cu α辐射（$\lambda = 1.5418$Å），扫描速度为10°/min，扫描范围2$\theta = 5$°~90°，管电流100mA，管电压40kV。微观形貌的表征采用透射电子显微镜（TEM，Philips Tecnai G$^2$20，工作电压为200kV）以及扫描电镜（SEM，JEOL JSM-5600LV，工作电压为15kV）。恒流充放电、循环伏安和交流阻抗特性测试采用三电极体系，其中电解液选取3mol/L的氢氧化钾（KOH）溶液，饱和甘汞电极（SCE）为参比电极，铂片（Pt）为辅助电极。上述实验均使用CHI608A型电化学工作站（上海辰华仪器公司）进行测试。

## 2.4.3 实验结果与讨论

图2-12所示为有序介孔炭的XRD图谱。由图可知，在22.62°和42.96°对应于石墨化结构的（002）和（100）晶面的衍射峰，无杂质峰出现。除了在2$\theta = $22.62°处有一强峰外，其余的衍射峰强度都较小，半峰宽较大，表明晶化程度较小，研究表明此种材料适合用于超级电容器材料。

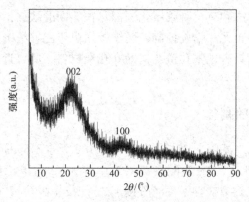

图 2-12　有序介孔炭的 XRD 图谱

　　图 2-13 所示为有序介孔炭的 SEM 图，由图可知，样品为大小基本相同的颗粒结构，粒径大小约为 10μm。

　　图 2-14 所示为有序介孔炭的 TEM 图。TEM 显示碳壁为 10nm，呈现有序孔状的结构。有序介孔炭横截面显示出良好的介孔结构，孔道有序性好。这种有序的介孔结构有利于电解液的扩散，适合于超级电容器电极材料。

图 2-13　有序介孔炭的 SEM 图

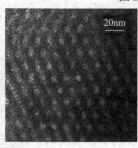

图 2-14　有序介孔炭的 TEM 图

　　在不同电流下进行恒流充放电实验，设定充放电电压范围为 -1.0 ~ 0V，充放电电流分别为 5mA、8mA 和 10mA，充放电曲线如图 2-15 所示。由图可知，单次充电和放电曲线具有良好的可逆性，曲线两边基本对称，时间与电压具有近似线性关系。电极材料在 5mA 下充放电曲线具有良好的线性，自放电电流比较小，且放电初始无明显电压降，说明电极材料内阻小，有理想的电容性能。在电流为 5mA、8mA 和 10mA 时电极材料的比容量分别为 116.5F/g、108.5F/g 和 107.8F/g。

　　图 2-16 所示为有序介孔炭电极的阻抗特性曲线，测试频率范围为 0.1 ~ 100kHz，振幅为 5mV，起始电压为 0V。由图可知，ESR 为 0.475Ω，在高频区出现

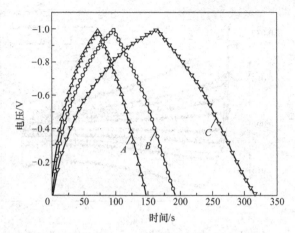

图 2-15　有序介孔炭电极的恒流充放电曲线（$A = 5mA$；$B = 8mA$；$C = 10mA$）

了一个明显的半圆弧，说明存在电荷传递电阻和 Warburg 阻抗。高频区的半圆弧小，表明电极和电解液界面的电荷转移电阻很小；在中频区为一段接近 45° 的斜率，这与电荷转移阻抗相关；在低频区近似一条垂直的直线，显示出良好电容特性。

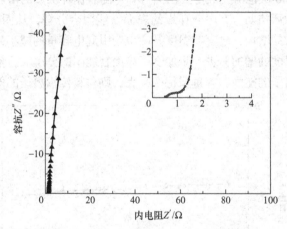

图 2-16　有序介孔炭电极的阻抗特性曲线

图 2-17 所示为有序介孔炭电极的循环伏安曲线，扫描速度分别为 2mV/s，5mV/s，8mV/s，10mV/s，20mV/s，电位区间为 $-1.0 \sim 0V$（与 SCE 相比），电解质为 3mol/L 的氢氧化钾溶液。由图可知，曲线显现出比较典型的电容特征。时间常数（电容和电阻的乘积）决定电位转换时的陡峭程度，当扫描方向改变时电极表现出快速的电流响应，并迅速处于稳定状态，说明其内阻小，$RC$ 时间常数小，适合大电流工作。这主要是由有序介孔炭材料规则的结构和交错的空间通道所决定的，氢氧化钾溶液中的电解质离子可以在空隙中较为自由地运动，快速形成双电层，减小了超级电容器的内阻。上述扫描速度下对应的比容量分别为 160F/g、145F/g、130F/g、120F/g、110F/g。

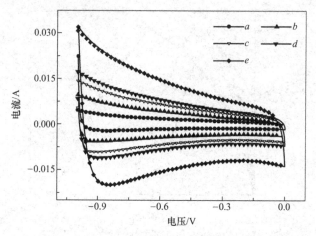

图 2-17　有序介孔炭电极的循环伏安曲线

（$a = 2\text{mV/s}$；$b = 5\text{mV/s}$；$c = 8\text{mV/s}$；$d = 10\text{mV/s}$；$e = 20\text{mV/s}$）

图 2-18 所示为有序介孔炭电极的循环性能，测试条件是当电流为 10mA 时，对样品电极进行 500 次恒流充放电。由图可知，随着循环次数的增加，电容量有微弱的衰减。因为在循环初期，有序介孔炭的表面官能团会分解，从而消耗部分电容量；其次随着循环次数的增加，电容器温度升高也会引起电容量的减小，引起部分脆弱的孔道破坏，同时温度的增加，进一步加剧了表面官能团的分解。容量保持率可以用来衡量碳材料传输离子的能力，容量保持率越大，则材料传输离子的能力越强。

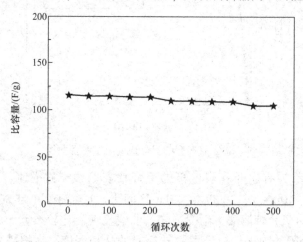

图 2-18　有序介孔炭电极的循环性能

经过计算，在电流为 10mA 时，初次充放电比容量为 125F/g，随着循环次数的增加，比容量逐步减小，达到 450 次循环后容量稳定于 113F/g（容量保持在 90.5% 以上）。有序的孔道使离子传输能力更强，离子传输阻力更小，有利于提高电极材料的性能。

# 第 3 章　电解质结构与材料

## 3.1　引言

  超级电容器主要由电极材料、集流体、隔膜和电解液组成，作为超级电容器的重要组成部分，由溶剂和电解质盐构成的电解质是极为重要的研究领域，不同类型的电解液往往对超级电容器性能产生较大影响[13]。然而，相对于电极材料，人们对超级电容器电解质的关注却相对较少，专门对电解质进行讨论的综述或评论寥寥无几，因此本文从水系、有机体系、离子液体以及固态电解质等几个方面重点讨论了 2000 年以来超级电容器电解质发展的历程，尤其是近 5 年以来超级电容器电解质的重要理论和技术突破。超级电容器对电解质的性能要求主要有以下几方面：①电导率要高，以尽可能减小超级电容器内阻，特别是大电流放电时更是如此；②电解质的电化学稳定性和化学稳定性要高，根据储存在电容器中的能量计算公式 $E = CU^2/2$（$C$ 为电容，$U$ 为电容器的工作电压）可知，提高电压可以显著提高电容器中的能量；③使用温度范围要宽，以满足超级电容器的工作环境；④电解质中离子尺寸要与电极材料孔径匹配（针对电化学双电层电容器）；⑤电解质要环境友好。

## 3.2　电解液概述

  电解质在电化学超级电容器（Electrochemical Supercapacitor，ES）的整体性能中起着重要的作用。它们对双层膜的形成和孔隙对电解质离子的可达性起着至关重要的作用。正常情况下，电解质电极间的相互作用和电解质的离子电导率对内阻起着重要作用。电解液在不同单元工作温度下的稳定性差，以及在高速率下的化学稳定性差，会进一步增加 ES 内部的电阻，降低循环寿命[14]。

  具有高化学和电化学稳定性的电解质允许更大的电位窗，而不会破坏性能特性。为保证 ES 的安全运行，电解质材料应具有低挥发性、低易燃性、低腐蚀电位。表 3-1、表 3-2 和表 3-3 显示了不同电解质的范围，以及几个重要操作特性。在选择电解质时，每种溶剂都表现出不同程度的离子相容性、电压稳定性、大小和反应关系。固体聚合物电解质正变得越来越受欢迎，因为它减少了泄漏的担忧且具有更大的潜力。

表 3-1  有机和无机电解质的可用离子源

| 电解质 | 离子尺寸/nm | |
|---|---|---|
| | 阳离子 | 阴离子 |
| 有机电解质 | | |
| $(C_2H_5)_4N \cdot BF_4(TEA^+BF_4^-)$ | 0.686 | 0.458 |
| $(C_2H_5)_3(CH_3)N \cdot BF_4(TEMA^+BF_4^-)$ | 0.654 | 0.458 |
| $(C_4H_9)_4N \cdot BF_4(TBA^+BF_4^-)$ | 0.83 | 0.458 |
| $(C_6H_{13})_4N \cdot BF_4(THA^+BF_4^-)$ | 0.96 | 0.458 |
| $(C_2H_5)_4N \cdot CF_3SO_3$ | 0.686 | 0.54 |
| $(C_2H_5)_4N \cdot (CF_3SO_2)_2N(TEA^+TFSI^-)$ | 0.68 | 0.65 |
| 无机电解质 | | |
| $H_2SO_4$ | | 0.533 |
| KOH | 0.26[①] | |
| $Na_2SO_4$ | 0.36[①] | 0.533 |
| NaCl | 0.36[①] | |
| $Li \cdot PF_6$ | 0.152[②] | 0.508 |
| $Li \cdot ClO_4$ | 0.152[②] | 0.474 |

① 水合离子的斯托克斯直径;

② 聚碳酸酯（Poly Carbonate, PC）的直径，取决于所用溶剂。

表 3-2  ES 可用有机溶剂和水溶剂的基本性质

| 溶　剂 | 熔点/℃ | 黏度/(mPa·s) | 介电常数 ($\varepsilon$) |
|---|---|---|---|
| 乙腈 | -43.8 | 0.369 | 36.64 |
| $\gamma$-丁内酯 | -43.3 | 1.72 | 39 |
| 丙酮 | -94.8 | 0.306 | 21.01 |
| 碳酸丙烯酯 | -48.8 | 2.513 | 66.14 |

表 3-3  各种电解质溶液在室温下的电阻和电压

| 电解质溶液 | 密度/(g/cm³) | 导电性/(mS/cm) | 电势窗 ($\Delta U$) |
|---|---|---|---|
| 水，KOH | 1.29 | 540 | 1 |
| 水，KCl | 1.09 | 210 | 1 |
| 水，硫酸 | 1.2 | 750 | 1 |
| 水，硫酸钠 | 1.13 | 91.1 | 1 |
| 水，硫酸钾 | 1.08 | 88.6 | 1 |
| 碳酸丙烯酯，$Et_4NBF_4$ | 1.2 | 14.5 | 2.5~3 |
| 乙腈，$Et_4NBF_4$ | 0.78 | 59.9 | 2.5~3 |
| 离子液体，$EtMeIm^+BF_4$ | 1.3~1.5 | 8(25℃) | 4 |
| | | 14(100℃) | 3.25 |

EC 中的电压受到单元内部材料在较高电压下击穿的限制。因此，电位必须保持在一个特定的范围内。在实验中，在低电压或高电压下的副反应的演化可以被看

作是电压谱两端急剧漂移的电流尾巴。通过控制电势窗,可以在所利用的电势谱的两端避免由于分解而产生的氧化还原反应(见图3-1)。

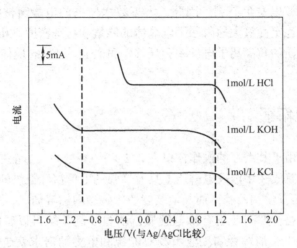

图 3-1　稳定铂电极测试中各种电解质的气体析出

图 3-1 中显示了当三电极单元使用大窗口时,通过水分解产生的氧化还原反应。分解电位取决于电解质及其与溶剂和电极材料的相互作用。在某些情况下,可以利用稳定剂来防止分解反应和增加电位。这一概念将在本章的具体材料中进行更详细的讨论。在测试和设计单元以优化性能和循环寿命时,要考虑分解的影响。

## 3.3　水电解质

水电解质因其低成本、低利用率而得到广泛的应用。离子来源包括氢氧化钾、氯化钾和硫酸。水电解质在新型 ES 材料的开发阶段应用最为广泛。这是由于几个关键因素,包括高离子电导率、高迁移率和低危害水平。此外,水性电解质可以在开放的环境中使用,不像有机电解质那样需要无水环境。

碱、盐和酸电解质的范围使电极材料的设计更容易,这些材料需要特定的离子相互作用机制,以获得最佳性能,并通过不耐腐蚀的氧化还原反应避免集电极腐蚀。例如,氯化钾(KCl)是一种安全的、离子导电的中性盐,具有易于处理的特性。采用氯化钾电解液和玻碳板作为集流器进行试验,效果良好,安全可靠。然而,氯离子会攻击大量的金属。这就排除了低成本的金属箔,如不锈钢、镍和铝用于收集电流。

水电解质的缺点包括腐蚀和低稳定性电位窗($\Delta U$)问题,影响单元性能和稳定性。系统中的酸性或碱性 pH 条件会导致收集器和包装老化材料的腐蚀[15]。腐蚀反应会降低系统性能,降低循环寿命。相反,由于水的电压稳定性较差,水电解质表现出水的分解作用,在低电位(约 0V)时产生氢气,在高电位范围(约

1.2V）时产生氧气。

单元破裂会威胁自身安全，缩短生命周期。水电解质系统必须采取预防措施，以限制电压增益，以避免破裂。因此，大多数水体系的电势窗被限制在1V左右。电晶体的低电压稳定性极大地限制了电晶体的能量和功率密度。相反，表3-3中所示的水溶性电解质的较高离子电导率和迁移率可转化为ES的最佳电容和较低的内部单元电阻。

# 3.4  有机电解质

有机电解质由于其潜在的操作窗口在 2.2~2.7V 之间，目前主导着商用ES市场。因为有机电解质在水溶液电解质上具有增强的电位窗和提供的中等离子传导能力[16]。大多数装置使用乙腈，而其他装置使用碳酸丙烯溶剂。

如果在高峰运行期间使用有机电解质，动力控制系统可以暂时将单元充电到3.5V。电势窗越大，消费者和工业市场对能源和电力的需求就越大。当使用较大的 ES 模块时，这些好处会更加复杂。需要更少的组件来满足模块大小的要求。较少的单元平衡和连接元件是必需的，较少的寄生电阻产生于相互连接的单个单元。

乙腈是目前的溶剂标准，用于支持四氟硼酸四乙铵（$Et_4NBF_4$，熔点 > 300℃）。然而，它的继续使用带来了毒性和安全问题。一种更安全的替代品是碳酸丙烯，但与乙腈相比，它有很强的电阻率问题。

表3-3 给出了各种电解质溶剂的电阻率和电势窗特性。有机电解质的电阻比水体系大得多，对功率和电容性能有负面影响。然而，功率性能的降低被增加的电位窗的二次效应所平衡。

表3-4  评估电容和电阻随碳 A（平均孔径为 1.6nm）和碳 B（平均孔径为 1.2nm）的变化

| 电容 | 负电极 | 正电极 | 容量/（$F/cm^3$） | 内阻/（$m\Omega$） |
|---|---|---|---|---|
| 1 | A | B | 26.6 | 24 |
| 2 | A | A | 20.8 | 23 |
| 3 | B | B | 27.5 | 257 |
| 4 | B | A | 18.8 | 243 |

随着我们对孔隙和电解质离子相互作用理解的加深，很明显，如果可能的话，电极材料应该与预期的电解质一起开发。表3-4 给出了一个例子，说明了电阻与孔径的关系，并说明了正确匹配离子和孔径的重要性。良好的电解质设计选择和孔径有助于优化电容，同时最小化有机电解质系统中出现的较高电阻。即使在优化的系统中，有机电解质的电阻仍然有助于 ES 元件中更高的自放电电流。自放电产生于双层界面的电荷泄漏。电解质中的水可以增加电阻并促进泄漏。因此，为了防止泄漏和腐蚀，必须净化电解质。电流互感器双层界面上的泄漏，是电容元件长期储能的固有限制。

## 3.5 离子液体

离子液体（IL）开始消除有机溶剂的安全问题，并改善关键参数的使用 ES。离子液体在环境温度下以黏性熔融盐（凝胶）的形式存在，允许在溶剂中高浓度存在或完全去除溶剂[17]。蒸汽压低（破裂风险）、易燃性低、毒性低、健康风险低。高化学稳定性的离子液体允许在高达 5V 的电势窗下工作。

除研究最多的离子液体外，还有咪唑鎓盐（$EtMeIm^+BF_4$）。离子液体的主要缺点是其在室温下在水和乙腈基体系中的导电性较低。表 3-3 显示，即使是 $EtMeIm^+BF_4$，也比水电解质或有机电解质的电阻率更高（电导率更低）。离子溶液稳定性的提高与电导率的降低之间的关系见表 3-5。

表 3-5 离子溶液及其参数列表

| 电化学稳定性 | | | | | | |
|---|---|---|---|---|---|---|
| 离子溶液 | 阴极极限/V | 阳极极限/V | $\Delta U$/V | 工作电极 | 参　考 | 导电性在25℃/(mS/cm) |
| 咪唑鎓 | | | | | | |
| $[EtMeIm]^+[BF_4]^-$ | -2.1 | 2.2 | 4.3 | Pt | $Ag/Ag^+$, DMSO | 14.0 |
| $[EtMeIm]^+[CF_3SO_3]^-$ | -1.8 | 2.3 | 4.1 | Pt | $I^-/I_3^-$ | 8.6 |
| $[EtMeIm]^+[N(CF_3SO_2)_2]^-$ | -2.0 | 2.1 | 4.1 | Pt, GC | Ag | 8.8 |
| $[EtMeIm]^+[((CN)_2N]^-$ | -1.6 | 1.4 | 3.0 | Pt | Ag | — |
| $[BuMeIm]^+[BF_4]^-$ | -1.6 | 3.0 | 4.6 | Pt | Pt | 3.5 |
| $[BuMeIm]^+[PF_6]^-$ | -1.9 | 2.5 | 4.4 | Pt | $Ag/Ag^+$, DMSO | 1.8 |
| $[BuMeIm]^+[N(CF_3SO_2)_2]^-$ | -2.0 | 2.6 | 4.6 | Pt | $Ag/Ag^+$, DMSO | 3.9 |
| $[PrMeMeIm]^+[N(CF_3SO_2)_2]^-$ | -1.9 | 2.3 | 4.2 | GC | Ag | 3.0 |
| $[PrMeMeIm]^+[C(CF_3SO_2)_3]^-$ | | 5.4 | 5.4 | GC | $Li/Li^+$ | — |
| 吡咯烷鎓 | | | | | | |
| $[nPrMePyrrol]^+[N(CF_3SO_2)_2]^-$ | -2.5 | 2.8 | 5.3 | Pt | Ag | 1.4 |
| $[nBuMePyrrol]^+[N(CF_3SO_2)_2]^-$ | -3.0 | 2.5 | 5.5 | GC | $Ag/Ag^+$ | 2.2 |
| $[nBuMePyrrol]^+[N(CF_3SO_2)_2]$ | -3.0 | 3.0 | 6.0 | Graphite | $Ag/Ag^+$ | — |
| 四烷基铵 | | | | | | |
| $[nMe_3BuN]^+[N(CF_3SO_2)_2]$ | -2.0 | 2.0 | 4.0 | Carbon | | 1.4 |
| $[nPrMe_3N]^+[N(CF_3SO_2)_2]^-$ | -3.2 | 2.5 | 5.7 | GC | $Fc/Fc^+$ | 3.3 |
| $[nOctEt_3N]^+[N(CF_3SO_2)_2]^-$ | | | 5.0 | GC | | 0.33 |
| $[nOctBu_3N]^+[N(CF_3SO_2)_2]^-$ | | | 5.0 | GC | | 0.13 |
| 吡啶 | | | | | | |
| $[BuPyr]^+[BF_4]^-$ | -1.0 | 2.4 | 3.4 | Pt | Ag/AgCl | 1.9 |
| 基啶鎓 | | | | | | |
| $[MePrPip]^+[N(CF_3SO_2)_2]^-$ | -3.3 | 2.3 | 5.6 | GC | $Fc/Fc^+$ | 1.5 |
| 锍 | | | | | | |
| $[Et_3S]^+[N(CF_3SO_2)_2]^-$ | | | 4.7 | GC | | 7.1 |
| $[nBu_3S]^+[N(CF_3SO_2)_2]^-$ | | | 4.8 | GC | | 1.4 |

IL 电解质具有很高的热稳定性，为高温环境下的反应创造了机会。在高温下，限制 IL 性能的低电导率被增加的离子流动性（动能）所克服，从而导致更高的电导率、更大的元件功率和更好的响应时间。然而，高温降低了离子稳定性的电势窗，这对功率和能量密度产生了负面影响。克服离子液体电导率低的另一种方法是平衡离子液体的高电位窗与有机电解质（如碳酸丙烯和丙酮三聚体）电导率和功率的增加，以优化电导率。利用这样的组合可以防止安全问题，减少毒性，使器件具有高能量密度，保持足够的功率性能。

## 3.6  固态聚合物电解质

凝胶电解质和固体聚合物电解质是将电解液和分离器的功能结合成一个单一的组分，通过聚合物基体提供更高的稳定性，减少 ES 中的部件数量，增加电势窗。凝胶电解质通过毛细管力将液体电解质与微孔聚合物基体结合，形成固体聚合物薄膜。所选的分离器必须不溶于所需的电解质，并提供足够的离子吸收率。非极性刚性聚合物如聚四氟乙烯（Polytetrafluoroethylene，PTFE）、聚乙烯醇（Polyvinyl alcohol，PVA）、聚偏氟乙烯（Polyvinylidene flouride，PVDF）和醋酸纤维素等用作凝胶电解质时，具有良好的离子导电性。根据表 3-5 的数据，$EtMeIm^+BF_4$ 的离子电导率为 14mS/cm。在 PVDF 基体中用作凝胶电解质的咪唑盐的离子电导率保持为 5mS/cm。

现代电解质需要更高的稳定性和离子迁移率才能在高电位窗运行。凝胶电解质允许水、有机和离子液体的结合，这取决于 ES 的要求。分离器与电解液一起使用，有助于提供有结构的通道，防止电极之间短路。固体电解质层的存在降低了对鲁棒封装技术的需求。

为了使这两种结构结合，在聚合过程中，电解质被困在聚合物基体内。这样就得到了一种固体的、薄的、有弹性的电解质。凝胶电解质由于其简化的形式和双重功能，具有明显的制造和组装优势。然而，性能是此类想法得以扩散的一个重要因素。

凝胶聚合物的电导略低于液体电解质，但它们提供了结构改进，提高了离子传输机制的效率和循环寿命。聚乙酸乙烯酯（PVAc）在捕获水电解质方面具有良好的效果，PVDF 还能够为离子传输提供结构和高导电性的通道。

聚合物凝胶电解质在电极厚度方面受到关键限制，如图 3-2 所示。离子深入高孔电极的穿透是有限的，对于较厚的电极，其性能会发生饱和。图 3-2 所示的 PVA 基凝胶电解质的饱和度约为 $10\mu m$，在 $2 \sim 3\mu m$ 范围内与水溶液体系相匹配。这表明，凝胶电解质市场目前处于灵活的低电容存储应用领域。

以聚氧化乙烯（Polyethylene Oxide，PEO）和聚环氧丙烷（Polypropylene Oxide，PPO）为原料制备的固体聚合物电解质，由于其在较宽的工作温度范围内具

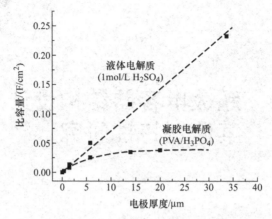

图 3-2 　液体电解质（1mol/L $H_2SO_4$）和凝胶电解质（PVA/$H_3PO_4$）
对碳纳米管薄膜单位面积电容的厚度依赖性

有较强的热传导和电化学性能，因而受到广泛的关注。然而，PEO 和 PPO 固态聚合物电解质的室温离子电导率较低，阻碍了其在 ES 中的成功应用。在凝胶电解质中加入 PEO 以提高电导率时，由于聚合物骨架中的氧原子限制了离子迁移率，因此 PEO 和 PPO 在凝胶电解质中的电导率实际上低于 PVA 和 PVDF。

　　另一种正在研究的固态电解质是使用固态质子导体，如杂多酸（Heteropoly Acid，HPA）电解质。最常见的两种 HPA 是 $H_4SiW_{12}O_{40}$（SiWA）和 $H_3PW_{12}O_{40}$（PWA）。HPA 材料在室温下具有较高的质子电导率（纯 SiWA 固体形式电导率 = 27mS/cm）。固态质子导体的传统问题是其较差的成膜性能，这使得形成分离器非常困难。

　　Lian 等人研究了一种复合固态聚合物[18]，该聚合物使聚乙烯醇具有良好的成膜性。固体 PVA-PWA 和 PVA-SiWA 电解质具有良好的成膜性能，在较高的相对湿度下表现出较强的稳定性。Nafion⑧是另一种质子导电聚合物，具有良好的成膜性能，在室温下具有较高的导电性，但随着温度和湿度的降低，其导电性显著降低。稳定性意味着 HPA 材料可以在环境中加工；它们简化了包装程序，并创造了防泄漏，无腐蚀的电池设计。当用对称的二氧化钌单元（60μm 厚的电极）测试时，PVA-SiWA 固态电解质表现为 11mS/cm，并提供与含水 $H_2SO_4$ 电解质（70mF/cm$^2$）相当的电容（50mF/cm$^2$）。进一步的优化表明，PWA 和 SiWA 的均匀混合与 PVA 结合后产生了协同效应，电导率提高到13mS/cm。

# 第4章 超级电容器结构设计及其储能特性研究

## 4.1 引言

当前电子元器件向着小型化、轻型化和功能化方向发展，这就要求其高密度封装。在电子元器件的生产中，据统计大约成本的 30% 是用于封装，而由封装因素造成产品的失效大约占 50%，因此，封装在电子元器件中占有极其重要的地位。对于超级电容器而言，确定电解液和电极材料之后采用合理的封装，对于延长超级电容器的使用寿命，实现其产业化具有重要的应用价值[19,20]。

超级电容器分为堆叠式和卷绕式两种结构。堆叠式结构是将正负电极材料通过涂覆或者压制的方法使其固定在金属集流体上，然后将负极板、隔膜和正极板组成"三明治"的层叠结构，进而通过一定的封装材料将其密封；卷绕式结构是将正负电极分别涂覆在金属箔片上，使用隔膜充当电介质相互交叠卷绕成型。堆叠式结构的制造工艺简单，适用范围广，但是相同体积内电极材料的面积利用率不高；卷绕式结构对电极材料的成型性要求较高，制备工艺较复杂，但其与传统铝电解电容器的制备工艺兼容，组装技术成熟，容易实现产业化。在实际应用中，应该根据具体的电极材料及其性能确定适当的封装结构。

按照能量存储方式，超级电容器还有一种混合型结构设计。其综合了双电层超级电容器和法拉第赝电容器的特点，一个电极为法拉第型电极，另一个电极为双电层型电极。它同时具有电解电容器的高耐压与电化学超级电容器的大容量、高储能密度等优点[21,22]。

为了提高超级电容器的储能特性，本章分别对堆叠式、卷绕式电容器结构和混合型超级电容器结构及其性能进行了相关研究。

## 4.2 堆叠式超级电容器

电容器存储能量的计算公式为 $E = CU^2/2$，因此提高能量密度的有效方法是提高超级电容器的工作电压（$U$）和电容量（$C$）。由于电解液的击穿电压限制超级电容器的工作电压，造成超级电容器的单体工作电压较低，一般有机电解液不高于3V，水性电解液不高于1.2V。而在实际应用中要求工作电压很高，常规的做法是将大量的单元串联，以此达到所需的额定电压[23]。通过串联一方面会导致总容量的降低和等效串联电阻的增加，另一方面由于各单元电容器的参数和性能存在着一定的差异，串联后各个单元的电压分布不一致，这样容易导致局部击穿。为了解决此问题就必须引入均压装置，但是这将降低设备的灵活性，同时也会提高产品的成本，因此设法提高单体的工作电压是大功率输出的重要基础。

为了解决超级电容器工作电压低的问题，国内外研究人员结合电解电容器的阳极和电化学电容器的阴极制备混合型超级电容器。景艳等用AC作为阴极和$Al/Al_2O_3$作为阳极制备了35V的混合型超级电容器，但是$Al/Al_2O_3$阳极的漏电流大、容量稳定性较差[24]。本书作者团队前期采用钽电解电容器中$Ta/Ta_2O_5$为阳极和$RuO_2/AC$为阴极制作了堆叠式超级电容器，但二氧化钌价格昂贵且对环境有污染[25]。鉴于上述原因，本书选用$Ta/Ta_2O_5$为阳极，有序介孔炭为阴极。

## 4.2.1　堆叠式超级电容器设计

### 1. 电极材料配比的选择

阴极材料由有序介孔炭、石墨和聚四氟乙烯（PTFE）组成。选择合适的配比对电极的性能有着重要的影响，分别选取石墨含量为0wt%、5wt%、10wt%、15wt%、20wt%和25wt%制作了1cm×1cm的正方形工作电极片，制备方法和测试方法同2.4节。表4-1为电极材料配比与等效串联电阻的关系。由表4-1可知，在石墨含量少于10wt%时，随着石墨含量的增加，电极材料的等效串联电阻降低；当石墨含量超过10wt%时，电容器的等效串联电阻变化不大，而且石墨含量的增加必然导致有序介孔炭含量的降低，从而导致比容量的降低，综合考虑各种因素，选择石墨的含量为10wt%。

表4-1　电极材料配比与等效串联电阻的关系

| 石墨含量（wt%） | 0 | 5 | 10 | 15 | 20 | 25 |
|---|---|---|---|---|---|---|
| 等效串联电阻/Ω | 1.0 | 0.60 | 0.47 | 0.40 | 0.38 | 0.35 |

黏合剂PTFE的加入导致电极内阻的增大，其用量以能达到有效黏结为限度，通过实验对比，选择PTFE的含量为5wt%。综上所述，电极材料的配比（质量比）是有序介孔炭:石墨:PTFE为85:10:5。

### 2. 阴极的制备

电极的制备方法与2.4节相同，用辊轧机压成厚度为0.5mm的薄片，并切割成半径为15mm的圆形电极片。在80℃下烘干至恒重。将电极压制到泡沫镍网集流体上，电解液采用 3mol/L 的氢氧化钾溶液。堆叠式超级电容器阴极的制备工艺示意图如图 4-1 所示。

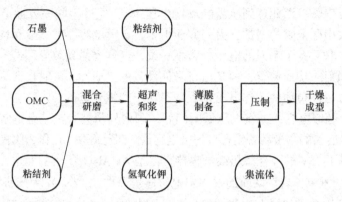

图 4-1　堆叠式超级电容器阴极的制备工艺示意图

### 3. 阳极的制备

由高纯度的多孔金属钽粉末作为电极原料，压制成型后，经过高温烧结，将 0.01% 的磷酸溶液（$H_3PO_4$）作为电解液，在一定的电压、电流密度和温度下，用电化学方法在半径为 15mm、厚度为 0.1cm 的钽（Ta）阳极表面生成厚度为 0.01mm 的一层五氧化二钽（$Ta_2O_5$）薄膜，共同组成超级电容器的阳极，用钽丝作为阳极引线[26,27]。五氧化二钽（$Ta_2O_5$）是一种非导电金属氧化物，它作为阳极电介质，能够耐受的电压与电介质薄膜层的厚度成正比，本书工作电压设计为 100V。

### 4. 超级电容器单元组装

用 $Ta/Ta_2O_5$ 作为阳极，有序介孔炭为阴极，3mol/L 的氢氧化钾作为电解液，无纺纤维布作为隔膜组装成堆叠式超级电容器单元。图 4-2 所示为堆叠式超级电容器单元的结构示意图。

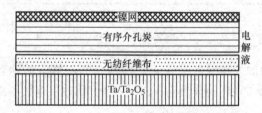

图 4-2　堆叠式超级电容器单元的结构示意图

封装结构直接影响内部热量的传递效果，进而影响超级电容器的性能和使用寿命。由于电容器通过内部串联或并联方式，可以提高元件的性能参数，针对堆叠式超级电容器结构的特点，确定封装的结构形式为内部并联，作者团队前期利用有限元分析的方法，建立二维模型，经过优化选择内部 3 个单元并联。

将 3 个单元进行并联封装，注入 3mol/L 的氢氧化钾溶液，封装超级电容器样品的直径为 35mm，高度为 15mm。堆叠式超级电容器的实物如图 4-3 所示。

图 4-3　堆叠式超级电容器的实物照片

## 4.2.2　堆叠式超级电容器储能特性研究

性能测试采用 CHI608A 型电化学工作站（上海辰华仪器公司）和本书第 6 章研究的测试系统。

### 1. 恒流充放电特性

给超级电容器样品做恒流充放电实验，充放电电流均为 20mA，充放电的电压范围为 0～10V，充放电曲线如图 4-4 所示。由

$$C = \frac{Q}{U} \text{ 和 } Q = It \tag{4-1}$$

得到

$$C = \frac{I\Delta t}{\Delta U} \tag{4-2}$$

式中　$C$——活性材料的容量（F）；

　　$Q$——充放电的电量（C）；

　　$U$——充放电的电压（V）；

　　$I$——恒流充放电电流（A）；

　　$\Delta t$——放电时间（s）。

根据式(4-2)可计算出电容器的容量为 5.1mF，由图 4-4 可知，放电初始没有明显的电压降，电压和时间呈线性关系，且充放电曲线对称，说明超级电容器充放电性能好，内阻小，有理想的电容性能。

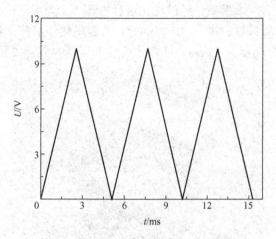

图 4-4 在 20mA 下的恒流充放电曲线

为了检测超级电容器的大电流充放电性能,设定超级电容器的充电电压为 100V,充电和放电电流均为 1A,完成一次充放电,通过示波器测得超级电容器的端电压波形如图 4-5 所示。由图可知,该电容器可在大电流条件下实现快速储能和快速放电,且电容量几乎无衰减。

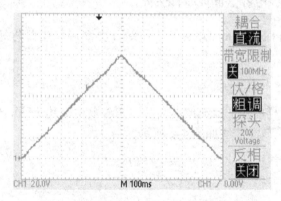

图 4-5 电流为 1A 时的恒流充放电曲线

设定充电电压为 100V,充电和放电电流均为 1A,连续循环充放电 3 次,经测试系统采集的数据绘制端电压波形如图 4-6 所示。可知超级电容器充放电过程中,电压曲线上升和下降过程的斜率基本恒定,在大电流工作条件下有良好的性能。

2. 超级电容器的循环性能测试

在电流为 1A 时给堆叠式超级电容器连续循环充放电 100 次,充放电电压范围为 0~100V,循环性能如图 4-7 所示。由图可知,初始循环容量为 5.1mF,随着循环次数的增加电容量衰减 5%。进一步检测电容器性能,电解质未发生击穿

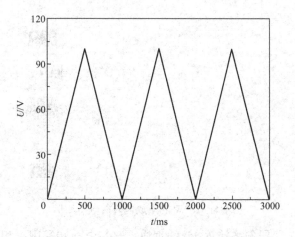

图 4-6 电流为 1A 时 3 次连续充放电曲线

现象，其他性能参数也未见异常，表明该超级电容器在设计的工作电压下可以正常工作。

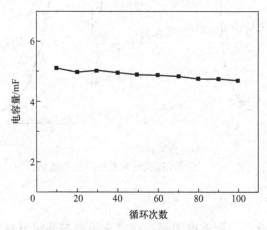

图 4-7 堆叠式超级电容器的循环性能

设置放电功率为 100W，放电的终止电压为 50V。首先对电容器充电至 100V，然后在恒功率方式下放电，通过示波器测量恒功率放电波形，如图 4-8 所示。由图可知，超级电容器的输出功率稳定，功率特性良好。

3. 阻抗特性

图 4-9 所示为堆叠式超级电容器的阻抗特性曲线。测试频率范围为 0.1Hz ~ 100kHz，振幅为 5mV，起始电压为 0V。其中，$Z'$ 为电容器的内电阻，$Z''$ 为电容器的容抗。由图可知，电容器高频区出现了一个明显的半圆弧，说明有 Warburg 阻抗和电荷传递电阻存在。高频区的半圆弧小，表明电极/电解液界面的电荷转移电阻

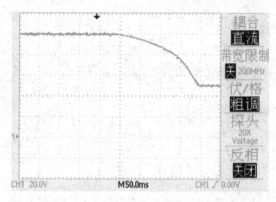

图 4-8　100W 功率放电时的电压波形

很小；在中频区为一段斜率接近45°的直线，这与电荷转移阻抗相关；在低频区近似一条垂直的直线，显示良好的电容特性。

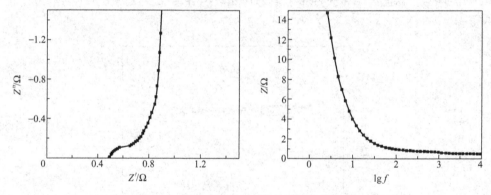

图 4-9　堆叠式超级电容器的阻抗特性曲线

### 4. 漏电流特性

漏电流（$I_L$）越小，则放电效率越高，它是影响超级电容器放电性能的一个重要因素。在 25℃ 时，给超级电容器施加 100V 的额定工作电压，维持恒压30min 后，测量电容器的电压，再根据计算可得漏电流为 0.019mA，该值满足 $I_L \leqslant 3 \times 10^{-4}CU$，说明电容器的漏电流在允许的范围内。

### 5. 电容器性能的比较

制作的堆叠式超级电容器与美国 Evans 公司型号为 THQ - 3 的产品性能参数见表4-2。使用廉价的介孔炭替代昂贵的二氧化钌，成本大幅降低。堆叠式超级电容器样品的直径为 35mm，高度为 15mm，工作电压为 100V，电容值为5.1mF，内阻为 0.45Ω，与 THQ - 3 的产品性能相近，储能密度为 0.35J/g，相比提升了9.3%。

表 4-2 电容器的性能参数

| 电 容 | 元件电压/V | 电容值/mF | ESR(最大值)/Ω | 储能密度/(J/g) |
|---|---|---|---|---|
| THQ-3 | 100 | 5.5 | 0.35 | 0.32 |
| 制备的超级电容器 | 100 | 5.1 | 0.45 | 0.35 |

## 4.3 卷绕式超级电容器

### 4.3.1 卷绕式超级电容器设计

卷绕式超级电容器的结构示意图如图 4-10 所示。

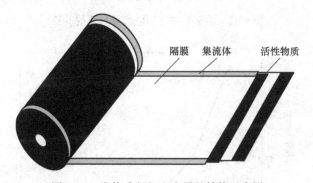

隔膜　集流体　活性物质

图 4-10 卷绕式超级电容器的结构示意图

超级电容器的封装外壳通常选用铝壳，一方面是由于铝壳质量轻；另一方面是铝能与其他金属组成合金，从而具有更好的稳定性和力学强度[28]。综合电解液的选取以及其他因素，本节选用铝箔作为集流体。为了提高单体的工作电压，电解液选用有机电解液四乙基铵四氟硼酸盐/乙腈（$Et_4NBF_4/AN$）。

分别选取电解液的浓度为 0.5mol/L、1.0mol/L、1.5mol/L、2.0mol/L、2.5mol/L 和 3.0mol/L，测试超级电容器的电容量。图 4-11 所示为电解液浓度和电容器容量的关系，由图可知，对电容器而言，当浓度小于 1.0mol/L 时，随着电解液浓度的增加，电容器的容量增加较快，但是当浓度超过 1.0mol/L 后，进一步增加电解液的浓度，容量增加不明显。

选取电解液 $Et_4NBF_4/AN$ 的浓度为 0.5mol/L、1.0mol/L、1.5mol/L、2.0mol/L、2.5mol/L 和 3.0mol/L，分别测试超级电容器的内阻。图 4-12 所示为电解液浓度和电容器阻抗的关系，对于等效串联电阻而言，当浓度小于 1.5mol/L 时，随着电解液浓度的增加等效串联电阻迅速下降，但浓度超过 1.5mol/L 后，电容器的等效串联电阻降低缓慢。为了使电容器具有高容量和低等效串联电阻，并充分考虑电解液 $Et_4NBF_4/AN$ 的价格因素，电解液的浓度选择为 1.5mol/L。

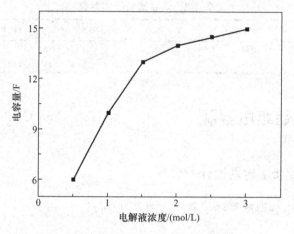

图 4-11　电解液浓度和电容器容量的关系

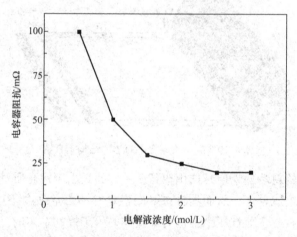

图 4-12　电解液浓度和电容器阻抗的关系

　　首先按照质量比为 85∶10∶5 分别称取有序介孔炭、石墨和黏结剂（PTFE），混合均匀后加入适量的去离子水，用磁力搅拌器搅拌 3h。把浆料用极片涂布机均匀涂覆于铝箔集流体上，将电极片按照规格分切，隔离膜为接枝聚丙烯膜。极片分切后用卷绕机卷绕（含引线铆接），铆接器做铆接引线同时卷绕，然后在 120℃ 真空烘干 72h，最后进入手套箱注液并浸泡，并在封闭环境下装壳，然后从箱内导出做封口。卷绕式超级电容器的制备工艺流程如图 4-13 所示。

　　卷绕式超级电容器样品的直径为 11mm，高度为 22mm。实物如图 4-14 所示。

## 4.3.2　卷绕式超级电容器储能特性研究

　　对制作的卷绕式超级电容器做恒流充放电、交流阻抗、循环性能测试和漏电流测试，测试使用 CHI608A 型电化学工作站（上海辰华仪器公司）和本书第 6 章的

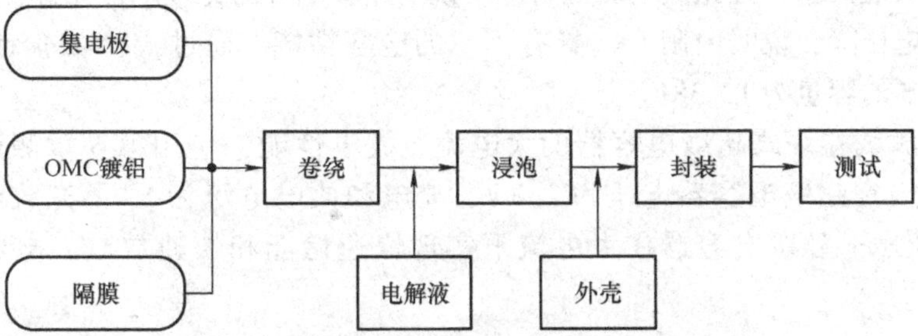

图 4-13　卷绕式超级电容器的制备工艺流程

图 4-14　卷绕式超级电容器的实物图

研究的测试系统。

1. 恒流充放电特性

图 4-15 为卷绕式超级电容器在 20mA 时的恒流充放电曲线。由图可知，电压

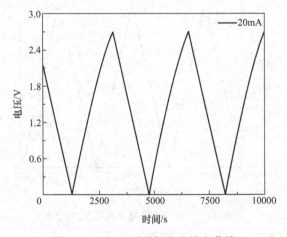

图 4-15　20mA 时的恒流充放电曲线

和时间呈线性关系，且充放电曲线对称，说明超级电容器充放电性能好；放电初始无明显的电压降，说明内阻小，具有理想的电容性能。通过式(4-2) 计算可得，单元电容器的容量为 12.38F。

为了测试卷绕式超级电容器的大电流充放电性能，应用第 6 章测试系统进行测试。设定超级电容器电压为 2.7V，充电和放电电流为 1A，充放电曲线如图 4-16 所示。超级电容器在大电流下实现快速储能和快速放电，电容容量几乎无衰减。

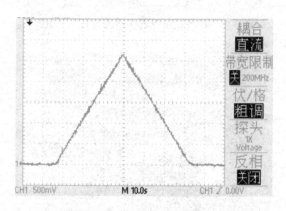

图 4-16 1A 时的恒流充放电曲线

设定超级电容器的充电电压为 2.7V，充放电电流为 1A，连续循环充放电 3 次，经测试系统采集数据测绘的端电压波形，3 次连续恒流充放电测试曲线如图 4-17 所示。超级电容器充放电过程中，曲线上升和下降过程的斜率基本恒定，说明超级电容器在大电流下具有良好的充放电性能。

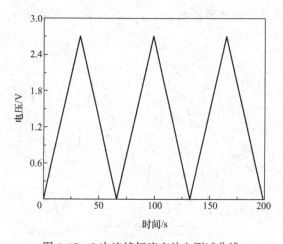

图 4-17 3 次连续恒流充放电测试曲线

2. 超级电容器的循环性能测试

设定充放电电流为1A时，充放电范围为0～2.7V，将卷绕式超级电容器连续循环充放电100次，循环性能如图4-18所示。由图可知，初始循环容量为12.38F，随着循环次数增加，电容量衰减10%，因为在循环初期有序介孔炭的表面官能团会分解，从而消耗部分电容量；随着循环次数增加，电容器温度升高也会引起电容量的减小。进一步检测电容器性能，电解质未发生击穿现象，其他性能参数也未见异常，说明该电容器能够在设计的工作电压下正常工作。

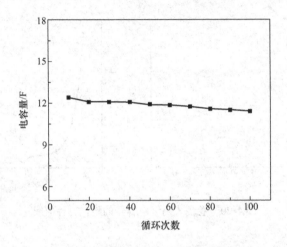

图4-18 卷绕式超级电容器的循环性能

设置放电功率为10W，放电的终止电压为1V。首先给超级电容器充电至2.7V，然后在恒功率方式下放电，测量恒功率放性能，恒功率放电波形如图4-19所示。由图可知，该卷绕式超级电容器的输出功率稳定，功率特性良好。

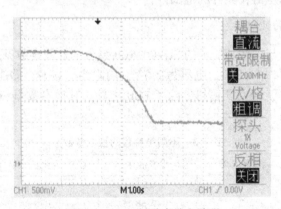

图4-19 10W恒功率放电波形

3. 阻抗特性

图 4-20 所示为卷绕式超级电容器的阻抗特性曲线。测试频率范围为 0.1Hz ~ 100kHz，振幅为 5mV，起始电压为 0V。其中，$Z'$ 为超级电容器的内电阻，$Z''$ 为超级电容器的容抗。由图可知，在高频区出现了一个明显的半圆弧，说明超级电容器有电荷传递电阻和 Warburg 阻抗存在。高频区的半圆弧小，表明电极/电解液界面的电荷转移电阻很小；在中频区为一段斜率接近 45° 的直线，这与电荷转移阻抗相关；在低频区近似一条垂直的直线，显示良好的电容特性。

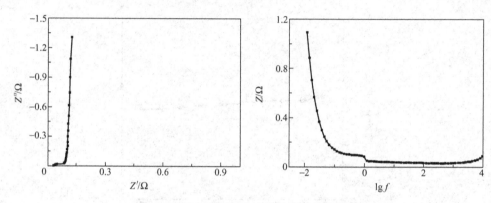

图 4-20　卷绕式超级电容器的阻抗特性曲线

4. 漏电流特性

漏电流 ($I_L$) 越小则放电效率越高，它是影响超级电容器放电性能的一个重要因素。在 25℃ 时，将超级电容器充电至 2.7V 的额定工作电压，维持恒压 30min 后，测量电容器的电压再根据计算可得漏电流为 0.029mA，该值满足 $I_L \leqslant 3 \times 10^{-4} CU$，说明超级电容器的漏电流在允许的范围内。

5. 电容性能的比较

制作的电容器与国产某厂家的 SCV0015C0 型号的性能参数见表 4-3。卷绕式超级电容器的电容值为 12.38F，电压为 2.7V，内阻为 0.03Ω，储能密度为 18.1J/g，相比提升了 15.3%。经对比可得，除了 ESR 之外，其他参数与 SCV0015C0 产品相近，均已接近实用化。

表 4-3　不同电容器的性能参数

| 电　容 | 元件电压/V | 电容值/F | ESR(最大值)/Ω | 储能密度/(J/g) |
|---|---|---|---|---|
| SCV0015C0 | 2.7 | 15 | 0.025 | 15.7 |
| 制备电容器 | 2.7 | 12.38 | 0.03 | 18.1 |

## 4.4　混合型超级电容器

电解电容器具有较高的工作电压、良好的阻抗特性和频率响应特性，在电子技术领域已得到了广泛的应用。铝电解电容器漏电流大、容量稳定性较差，钽电解电容器基本可以克服铝电解电容器在性能上的不足。但作为储能元件，电解电容器储能密度较低，还远远满足不了脉冲功率技术等应用领域的要求[29]。

混合型超级电容器正是考虑到电解电容器优异的耐压特性，结合钽电解电容器的阳极和电化学电容器的阴极，再加上适当的电解质溶液，组成一种特殊的结构，使它同时具有电解电容器的高耐压与电化学电容器的大容量、高储能密度等优点。即将阳极用钽电解电容器的阳极代替，阴极依然采用电化学电容器的电极。因为阴极材料的比电容（$C_c$）很大，与阳极电容量（$C_a$）相比，可视为 $C_c \gg C_a$，超级电容器的总电容 $C \approx C_a$。说明该混合型超级电容器的总电容量主要由阳极电容 $C_a$ 的大小来决定。又因为阴极材料的比电容很大，可以做得很薄，尽量减少其所占空间，剩余的有效空间可以用来扩大阳极[30]。所以，只要在有效的空间内尽可能地提高阳极的电容量，就可以提高混合型超级电容器单位体积的储能密度。

由于常规电化学超级电容器内部没有电介质，电解质的击穿电压决定其工作电压很低。而在混合型超级电容器的结构中，借助在阳极表面上形成一层五氧化二钽电介质薄膜，来承担电容器的工作电压。所以，可以保证这种混合型超级电容器在高电压下工作时，电解质不被击穿。该混合型超级电容器是两极不对称结构，因此，它是一个有极性的电容器。混合型超级电容器在工作时，其中大部分电压主要降落在阳极电介质层上，真正降落在电解质和阴极上的电压很小，从而能够使电容器在高电压下安全地工作。

混合型超级电容器与常规电化学电容器相比较，虽然电容量减小了，但工作电压却提高了很多。根据电容器的储能公式 $W = CU^2/2$ 可知，储能与电压的二次方成正比，所以，混合型超级电容器仍然具有较高的储能密度。

### 4.4.1　混合型超级电容器的结构确定

#### 1. 混合型超级电容器电极的确定

如前所述，混合型超级电容器的阳极采用钽电解电容器的阳极形式，它是由高纯度的多孔金属钽粉末作为电极原材料，压制成型后，经高温烧结，再用电化学方法在钽表面生成一层五氧化二钽薄膜，共同组成超级电容器的阳极。为了得到高品质的电介质氧化膜，其形成液的选择是非常重要的，本节中采用0.01%的磷酸溶液作为形成电解液，在一定的电压、电流密度和温度下，在钽阳极表面形成一层五氧化二钽薄膜。五氧化二钽是一种非导电金属氧化物，它作为阳极电介质，能够耐受一定的电压，并且该电压与电介质薄膜层的厚度成正比。电容器的绝大部分工作电压主要降落在该层电介质上，所以，单元电容器的工作电压由该电介质层的击穿电压决定。从理论上来讲，目前该工作电压可以达到500V。本节设计的混合型超级电容器的单元工作电压为40V，阳极尺寸为$\phi15mm \times h3.5mm$，用钽丝作为阳极引线。

混合型超级电容器的阴极采用法拉第准电容器的电极形式，电极材料选用二氧化钌和活性炭粉末混合材料。本节中所用的二氧化钌粉末是采用Sol-gel方法自制的，该方法制得的二氧化钌粉末是水合无定性结构，其比电容值较高，可达768F/g，而用传统的方法经高温分解$RuCI_3 \cdot XH_2O$制得的二氧化钌粉末是晶体结构，其比电容值较低，约为380F/g。把制备好的二氧化钌与活性炭粉末按一定比例混合，组成复合电极材料，根据薄膜制备技术，制成厚度为0.2mm的薄膜，并在一定压力下将电极薄膜压制在0.08mm厚的金属钽箔上，共同组成混合型超级电容器的阴极。钽箔作为电流集流体将阴极电流引出。

本节制备的二氧化钌活性炭复合电极，经电化学性能测试，比电容为457F/g。该电极的比电容值比无定形水合二氧化钌的低，但仍比晶体结构二氧化钌的比电容高，而且经实验证明它具有良好的功率特性。

2. 混合型超级电容器单元结构的研究

混合型超级电容器的阳极采用钽电解电容器的阳极；阴极采用二氧化钌活性炭粉末复合电极；电解质采用浓度为38wt%的硫酸溶液，该电解质溶液的电导率较高，并且二氧化钌在此溶液中能够保持化学稳定状态。将制备好的二氧化钌/活性炭复合电极（$\phi15mm \times h0.2mm$）和玻璃纤维隔板薄膜材料预先放入电解质溶液中，充分浸渍若干小时，使电解质溶液充满电极材料和隔板材料的孔隙之中。按图4-21所示的结构形式组装混合型超级电容器样品。

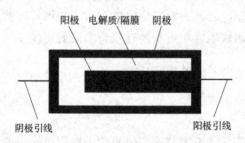

图4-21　混合型超级电容器的结构图

## 4.4.2　混合型超级电容器性能测试

本实验使用的实验测试设备主要是CHI660A型电化学工作站。实验温度为室温。

1. 充放电性能测试

在某一恒定电流下，对组装的混合型超级电容器样品一作循环充放电实验，充放电电压范围是 $0 \sim 10V$，经过若干次循环充放电后，其电化学性能基本稳定，电容器的电容量根据放电曲线按式(4-2) 计算，即

电容器充放电效率为

$$\eta = \frac{\Delta t_1}{\Delta t_2} \tag{4-3}$$

式中  $\Delta t_1$、$\Delta t_2$——电容器的放电时间和充电时间（s）。

2. 阻抗性能测试

给混合型超级电容器样品施加一个小幅正弦交流电压信号，信号的频率范围为 $0.01 \sim 100kHz$，电压幅值为 $5mV$。测量其交流阻抗谱，根据阻抗谱分析混合型超级电容器的阻抗特性和频率特性。

# 第 5 章 超级电容器的热行为研究

## 5.1 引言

超级电容器是一种大功率电气元件，在快速存储与释放功率的同时，内部会产生并且积累热量，致使超级电容器的温度升高，甚至发生热损坏。温度作为超级电容器重要的工作参数之一，对其工作性能有着极大的影响[31,32]。通常在 -30 ~ 50℃之间，超级电容器的性能受温度变化影响很小，超出这个温度范围其性能将急剧变差，因此提前预测超级电容器的温度变化趋势，对于指导其应用有着重要的作用。之前对元器件的热行为研究多数集中在锂离子电池、镍氢电池等二次电池上，而超级电容器的热行为分析相对较少。

本章采用理论分析与实验验证相结合的方法，研究超级电容器在大电流循环充放电过程中的温度变化和内部温度场的分布规律，通过建立多孔等效电路模型，进一步研究温度变化对超级电容器储能特性的影响，讨论了不同温度梯度下，阻抗性能和自放电性能的变化规律，为超级电容器的设计和应用提供理论依据。

## 5.2 堆叠式超级电容器的热行为研究

以堆叠式超级电容器工作过程（自然对流情况下）为研究背景，利用有限元分析方法，建立了三维热行为模型，研究了内部瞬态温度场的分布情况，讨论了其工作过程中温度变化和内部温度场的分布规律，并对堆叠式超级电容器充放电时的瞬态温度场、稳态温度场进行了仿真分析和实验研究，以期对堆叠式超级电容器的热行为有更深刻的了解，为超级电容器的温度预测提供理论依据[33]。

### 5.2.1 堆叠式超级电容器有限元建模

本节以 4.2 节研制的堆叠式超级电容器为研究对象，其结构主要由金属钽外壳、顶部酚醛树脂和内部核心区（由 3 个单元并联而成）三部分构成，元件的直径为 35mm，高度为 15mm。堆叠式超级电容器的结构示意图如图 5-1 所示。核心

区为 $Ta/Ta_2O_5$ 阳极、有序介孔炭（OMC）阴极、钽（Ta）集流体和聚丙烯隔膜，采用无机碱性电解质体系（3mol/L 的氢氧化钾溶液），内阻约为 $50m\Omega$。堆叠式超级电容器各部分材料的物理参数见表 5-1。

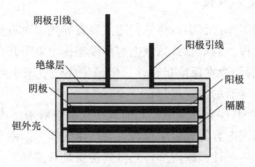

图 5-1　堆叠式超级电容器的结构示意图

**表 5-1　堆叠式超级电容器的物理参数**

| 材　料 | 密度/(kg/m³) | 比热容/[J/(kg·K)] | 热导率/[W/(m·K)] | | |
| --- | --- | --- | --- | --- | --- |
| | | | $x$ 方向 | $y$ 方向 | $z$ 方向 |
| 电极（OMC） | 2710 | 396 | 1.04 | 1.04 | 237 |
| 聚丙烯隔膜 | 1008.98 | 1978.16 | | 0.3344 | |
| 空气 | 1.225 | 1006.43 | | 0.0242 | |
| 酚醛树脂 | 1700 | 1700 | | 0.500 | |
| 钽外壳 | 16680 | 142 | | 54 | |

应用 ANSYS 有限元分析软件，对实体模型进行网格划分，堆叠式超级电容器的有限元模型如图 5-2 所示。内部核心区采用六面体网格，外壳由于处于边界区域，同时存在对流和辐射换热，故采用更为精细的四面体网格进行划分，有限元模型由 751187 个单元和 130153 个节点构成。

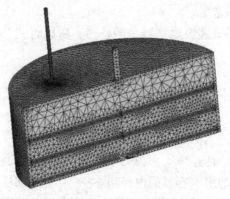

图 5-2　堆叠式超级电容器的有限元模型

### 5.2.2 堆叠式超级电容器热行为分析

1. 热行为分析基本假设

在超级电容器的工作过程中，热量传递主要有导热、对流换热和热辐射三种形式。为了简化分析过程，对堆叠式超级电容器模型提出以下几点假设：

1）虽然超级电容器存在反应过程热，但是生成热量较小可以忽略，故电阻焦耳热是堆叠式超级电容器的主要热源；

2）超级电容器中有序介孔炭电极和隔膜中充满电解液，内部的对流换热可以忽略不计。虽然在超级电容器充放电过程中会产生气体，但由于内部空间很小，气体的对流热也可以忽略不计，故内部传热方式主要是热传导；

3）虽然超级电容器的内部结构复杂，材料多样，其生热是不均匀，但从宏观上看，由于超级电容器阳极的厚度与阴极厚度相差很大，可认为充放电过程中生热是均等的。

2. 温度分布控制方程

首先建立超级电容器的三维物理模型，然后进行网格划分，最后使用三维有限元模型分析。堆叠式超级电容器工作过程中的瞬态温度分布用以下控制方程进行描述：

$$\nabla^2 T + \frac{P}{\lambda} = \frac{\rho C_P}{\lambda} \frac{\partial T}{\partial t} \tag{5-1}$$

式中　$\nabla$——拉普拉斯算子；

　　　$\rho$——密度；

　　　$C_P$——比热容；

　　　$\lambda$——热导率；

　　　$P$——局部体积密度。

因为研究对象堆叠式超级电容器为圆柱形，所以将式(5-1)转换为三维柱坐标形式：

$$\rho C_P \frac{\partial T}{\partial t} = \frac{\lambda_r}{r} \frac{\partial}{\partial r}\left(r \frac{\partial T}{\partial r}\right) + \frac{\lambda_\theta}{r^2} \frac{\partial^2 T}{\partial \theta^2} + \lambda_z \frac{\partial^2 T}{\partial z^2} + P \tag{5-2}$$

式中　$\theta$——角坐标；

　　　$r$——径向坐标；

　　　$z$——轴向坐标；且有 $0° \leqslant \theta \leqslant 360°$，$r_内 \leqslant r \leqslant r_外$，$0 \leqslant z \leqslant L$，$0 < t \leqslant t_f$。$r_内$ 和 $r_外$ 分别是超级电容器的内径和外径，$t_f$ 是局部稳态温度。

堆叠式超级电容器工作过程中，发热情况与 $\theta$ 角度无关，为了优化计算过程，可以进一步简化为

$$\rho C_P \frac{\partial T}{\partial t} = \lambda_r \frac{\partial^2 T}{\partial r^2} + \frac{\lambda_r}{r} \frac{\partial T}{\partial r} + \lambda_z \frac{\partial^2 T}{\partial z^2} + P \tag{5-3}$$

### 3. 串联和并联导热系数

堆叠式超级电容器阳极为 $Ta/Ta_2O_5$ 的复合材料。图 5-3 所示是串联和并联等效热阻示意图。假设阳极 $Ta/Ta_2O_5$ 的横向长度为 $l$，纵向高度分别为 $l_1$ 和 $l_2$。Ta 和 $Ta_2O_5$ 的横向面积分别为 $A_1$ 和 $A_2$，整体横向面积为 $A$，各层的导热系数为 $\lambda_1$ 和 $\lambda_2$，截面纵向的温度为 $T_0$ 和 $T_2$（中间温度 $T_1$ 为未知量），截面横向两侧的温度分别为 $T_a$ 和 $T_b$。

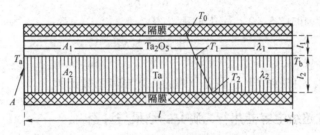

图 5-3　串联和并联等效热阻示意图

串联和并联等效热阻电路图如图 5-4 所示。

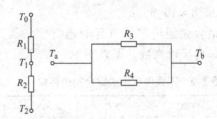

图 5-4　串联和并联等效热阻电路图

对于串联等效热阻而言，热流量和热阻的关系式表示为

$$Q = \frac{\Delta T \lambda}{L} = \frac{\Delta T'}{R} A \tag{5-4}$$

所以各层的热阻和热量的关系为

$$Q = \frac{T_0 - T_1}{R_1} A = \frac{T_1 - T_2}{R_2} A \tag{5-5}$$

各层之间的热电阻分别为

$$R_1 = \frac{l_1}{\lambda_1} \qquad R_2 = \frac{l_2}{\lambda_2} \tag{5-6}$$

总热阻为

$$R = R_1 + R_2 \tag{5-7}$$

由式(5-5)、式(5-6) 和式(5-7) 可得到串联的总热导系数为

$$\lambda = \frac{(l_1 + l_2)\lambda_1\lambda_2}{l_1\lambda_2 + l_2\lambda_1} \tag{5-8}$$

同理,此公式可推广于多层复合壁的串联导热系数计算。

根据热阻公式,得到两层热阻分别为

$$R_3 = \frac{1}{A_1\lambda_1} \qquad R_4 = \frac{1}{A_2\lambda_2} \qquad R = \frac{1}{A\lambda} \tag{5-9}$$

根据并联热阻的原理,系统的总热阻为

$$\frac{1}{R} = \frac{1}{R_3} + \frac{1}{R_4} \tag{5-10}$$

由式(5-9) 和式(5-10) 简化整理可得

$$\lambda = \frac{A_1\lambda_1 + A_2\lambda_2}{A} \tag{5-11}$$

同理,此公式可推广于多层复合壁的并联导热系数计算。

### 5.2.3 堆叠式超级电容器热行为研究的结果与讨论

在室温 25℃ 条件下,采用 3A 电流对模型超级电容器进行恒流充放电。在仿真温度区间内,内部发热功率为 $P = I^2R = 4.05\mathrm{W}$,核心区体积 $V = 32.7\mathrm{mm}^3$,由此可得单位体积生热率 $p = 1.238 \times 10^5 \mathrm{W/m^3}$。

根据热分析理论,结合超级电容器自身的热物性参数,可得到仿真温度范围内,不同温度所对应的综合换热系数,见表 5-2。

**表 5-2　不同温度下的综合换热系数**　　[ 单位:W/(m² · K) ]

| $T$ | 41℃ | 38℃ | 35℃ | 32℃ | 29℃ | 26℃ |
|---|---|---|---|---|---|---|
| $h_{conv}$ | 6.341 | 6.019 | 5.645 | 5.156 | 4.512 | 3.198 |
| $h_{rad}$ | 1.626 | 1.602 | 1.578 | 1.557 | 1.523 | 1.058 |
| $h_c$ | 7.967 | 7.621 | 7.223 | 6.713 | 6.035 | 4.256 |

注:$h_{conv}$—对流换热系数;$h_{rad}$—辐射换热系数;$h_c$—总换热系数。

采用 3A 电流对堆叠式超级电容器进行 50 次循环充放电,讨论底部径向温度随循环次数的变化规律,底部中心温度的仿真和实验测试结果如图 5-5 所示。其中实验曲线是采用 OMEGA 公司生产的 K 型黏合式热电偶进行测量,热电偶测量点的分布图如图 5-6 所示。由图可知,两条曲线均可大致分为暂态和稳态两个部分。在初始阶段,温度快速升高,当循环次数增加到 30 次时,温度变化趋于平缓,实验与仿真曲线分别稳定在 38.1℃ 和 37.7℃,然后曲线进入稳态区。由于仿真过程中超级电容器内部热源只有内阻产生的焦耳热,故仿真曲线与测量结果存在微小的偏差,但总体上变化趋势符合较好,证明了仿真结果的可靠性。经验证,其他热电偶

测量点数据和仿真结果符合较好。

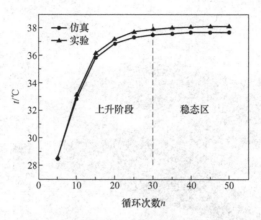

图5-5 堆叠式超级电容器底部中心温度

图5-6 热电偶测量点的分布图

图5-7所示为堆叠式超级电容器在3A电流下进行循环充放电，5次循环后内部温度分布云图。由图可知，电容器最高温度出现在中心处，此时最高温度为27.4℃，分布云图由中心向四周以均匀的温度梯度递减。

堆叠式超级电容器稳态后的温度分布云图如图5-8所示，虽然核心区均匀生热，但因其内部层数较多，散热效果差，核心区内部中心的位置温度最高，达到37.5℃。由于金属钽外壳外表面和外界环境之间存在对流换热以及辐射换热，散热效果较好，故金属钽外壳及附近区域温度相比核心区内部有明显的降低。30次循环后内部温度分布云图与5次循环充放电时基本类似，但整体温度有明显的提高。最高温度仍出现在核心区内部靠近中心的位置，达到37.5℃。相比室温，超级电容器工作温升大约为12.5℃。

为了进一步讨论核心区内部最高温度与充放电电流的关系，分别选取1A、2A、3A、4A、5A和6A的参考电流，对堆叠式超级电容器进行恒流循环充放电

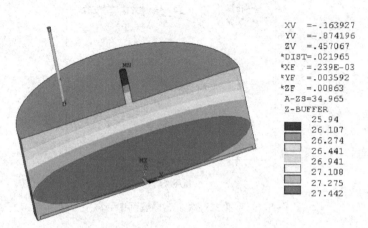

图 5-7　5 次循环后堆叠式超级电容器内部温度分布云图

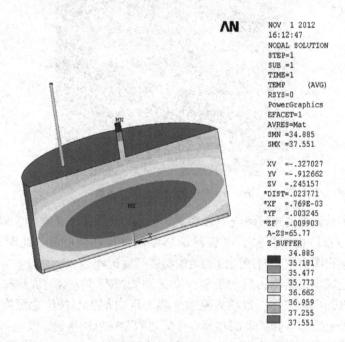

图 5-8　堆叠式超级电容器稳态后的温度分布云图

实验，测试稳态后的温度分布。图 5-9 所示是堆叠式超级电容器稳态后最高温度
与电流的关系图，由图可知，随着充放电电流的增大，内部最高温度急剧升高。
当电流为 5A 和 6A 时，最高温度分别超过 53.2℃和 63.4℃。由此可见，大电流
连续充放电时，需要采用风冷等冷却措施，以保证超级电容器处于最佳的工作状

态。在室温条件下，3A 以下的充放电实验，超级电容器的温升 ≤ 15℃，表明其性能可靠。

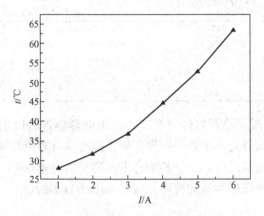

图 5-9　稳态后最高温度与电流的关系图

## 5.3　卷绕式超级电容器的热行为研究

### 5.3.1　卷绕式超级电容器有限元建模

本节以 4.2 节研制的卷绕式超级电容器为研究对象，其结构主要由铝外壳、顶部酚醛树脂和内部核心区三部分构成[34,35]，元件的直径为 11mm，高度为 22mm。图 5-10 所示为卷绕式超级电容器的结构示意图。核心区由有序介孔炭（OMC）电极、铝集流体和聚丙烯隔膜组成，采用有机电解质体系，内阻约为 30mΩ。超级电容器各部分的物理参数见表 5-3。

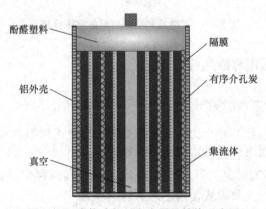

图 5-10　卷绕式超级电容器的结构示意图

55

表 5-3  超级电容器各部分的物理参数

| 材　　料 | 比热容/[J/(kg·K)] | 密度/(kg/m³) | 热导率/[W/(m·K)] | | |
| --- | --- | --- | --- | --- | --- |
| | | | x 方向 | y 方向 | z 方向 |
| 有序介孔炭电极 | 1437.4 | 1347.33 | 1.04 | 1.04 | 237 |
| 聚丙烯隔膜 | 1978.16 | 1008.98 | | 0.3344 | |
| 空气 | 1006.43 | 1.225 | | 0.0242 | |
| 酚醛树脂 | 1700 | 1700 | | 0.500 | |
| 铝外壳 | 875 | 2770 | | 170 | |

应用 ANSYS 有限元分析软件对卷绕式超级电容器进行网格划分，内部核心区采用六面体网格，而外壳由于处于边界区域，同时参与对流与辐射换热，因此采用更加精细的四面体网格进行划分。整个有限元模型共由 408679 个单元和 276582 个节点构成。卷绕式超级电容器的有限元模型如图 5-11 所示。

图 5-11  卷绕式超级电容器的有限元模型

## 5.3.2  卷绕式超级电容器热行为分析

### 1. 热行为分析基本假设

卷绕式超级电容器的热行为分析过程类似于堆叠式超级电容器。为了简化分析过程，对卷绕式超级电容器模型提出以下几点假设：

1）由于仿真研究对象为双电层超级电容器，其储存电荷的机理为双电层储能，因此内部生热的主要形式是内阻产生的焦耳热；

2）认为在充放电过程中核心区内部生热在各处是均匀的；

3）超级电容器内部以导热的方式进行热量传递，外表面和空气之间主要进行对流与辐射换热；

4）根据卷绕式超级电容器的结构特点，以及各部分材料的物理性质，将电极的径向热导率近似等效为有序介孔炭的热导率，轴向热导率等效成集流体金属铝的热导率。

## 2. 温度分布控制方程

卷绕式超级电容器工作过程中的瞬态温度分布用下面控制方程进行描述：

$$\nabla^2 T + \frac{P}{\lambda} = \frac{\rho C_P}{\lambda} \frac{\partial T}{\partial t} \tag{5-12}$$

式中    $\nabla$——拉普拉斯算子；

$\rho$——密度；

$C_P$——比热容；

$\lambda$——热导率；

$P$——局部体积密度。

为了方便计算，将圆柱形卷绕式超级电容器进一步变换为三维柱坐标形式：

$$\rho C_P \frac{\partial T}{\partial t} = \frac{\lambda_r}{r} \frac{\partial}{\partial r}\left(r \frac{\partial T}{\partial r}\right) + \frac{\lambda_\theta}{r^2} \frac{\partial^2 T}{\partial \theta^2} + \lambda_z \frac{\partial^2 T}{\partial z^2} + P \tag{5-13}$$

式中    $\theta$——角坐标；

$r$——径向坐标；

$z$——轴向坐标。

且有 $0° \leq \theta \leq 360°$，$0 \leq z \leq L$，$0 < t \leq t_f$。$r_i$ 和 $r_o$ 分别是超级电容器的内径和外径，$t_f$ 是局部稳态温度。

由于卷绕式超级电容器工作过程中，发热情况是呈三维圆柱对称的，故与 $\theta$ 角度无关，上式可以进一步简化为

$$\rho C_P \frac{\partial T}{\partial t} = \lambda_r \frac{\partial^2 T}{\partial r^2} + \frac{\lambda_r}{r} \frac{\partial T}{\partial r} + \lambda_z \frac{\partial^2 T}{\partial z^2} + P \tag{5-14}$$

## 3. 定解条件

通过确立相应的定解条件求解温度分布控制方程。对于上述瞬态热分析问题，定解条件有两个方面：一方面是初始时刻温度分布，另一方面是换热情况的边界条件，这两方面可表示为

1）在初始时刻（$t = 0$），超级电容器内部及表面温度均匀分布，此时温度为室温25℃。

$$T(r, z, 0) = T_0 \tag{5-15}$$

其中，$r_i \leq r \leq r_o$，$0 \leq z \leq L$。

2）卷绕式超级电容器的核心区最内层为真空，由于导热系数极低，可将其等效成为绝热面，热流密度为零。由傅里叶导热定律可得到：

$$\lambda_r \frac{\partial T}{\partial r}(0,z,t) = 0 \tag{5-16}$$

其中，$0 \leqslant t \leqslant t_f$，$0 \leqslant z \leqslant L$。

3）热量在超级电容器外表面耗散主要是由对流换热（表面空气）和辐射换热（周围环境）这两种传递方式构成。

在对流换热中，换热率是指表面温度与周围空气温度的差值和外表面的对流换热系数乘积，通过牛顿冷却定律可以得出：

$$q_{conv} = h_{conv}(T - T_\infty) \tag{5-17}$$

式中　$T$——表面温度；

　$T_\infty$——周围空气温度；

　$q_{conv}$——对流换热表面单位面积的热流率；

　$h_{conv}$——对流换热系数。

由于 $h_{conv}$ 一般受到多种因素影响，采用 $N_u$（无量纲努赛尔数）表示，如式(5-18)所示：

$$N_u = \frac{h_{conv}D}{\lambda_{air}} \tag{5-18}$$

式中　$\lambda_{air}$——周围空气的热导率；

　$D$——待测对象的外直径。

$N_u$ 表示 $R_e$（无量纲雷诺数）的函数：

$$N_u = CR_e^n \tag{5-19}$$

其中，通过实验测得无量纲常数 $C$ 和指数 $n$。

$R_e$ 是格拉晓夫数 $G_r$ 和普朗克数 $P_r$ 的乘积构成的，如式(5-20)所示：

$$R_e = P_r \times G \tag{5-20}$$

其中：

$$P_r = \frac{\eta_{air} C_{p,air}}{\lambda_{air}} \tag{5-21}$$

$$G_r = \frac{g\alpha(T - T_\infty)D^3}{v_{air}^2} \tag{5-22}$$

式中　$\alpha$——体积膨胀系数；

　$g$——重力加速度；

　$C_{p,air}$——空气的比热容；

　$v_{air}$——空气的运动黏度；

　$\eta_{air}$——空气的动力学黏度。

在卷绕式超级电容器中，外表面的对流换热与圆柱体大空间自然对流换热相一致，$N_u$ 根据 $R_e$ 的范围可以表示为

$$N_u = 0.53R_e^{1/4}\,(10^3 \leqslant R_e \leqslant 10^9) \tag{5-23}$$

$$N_u = 0.10R_e^{1/3}\,(10^9 \leqslant R_e \leqslant 10^{13}) \tag{5-24}$$

对于辐射换热的情形，辐射率决定于超级电容器表面热力学温度的四次方及表面发射率，具体采用斯忒藩–波尔兹曼定律进行描述：

$$q_{rad} = \varepsilon\sigma(T^4 - T_\infty^4) \tag{5-25}$$

式中 $\varepsilon$——铝外壳表面发射率；

$\sigma$——斯忒藩–波尔兹曼常数 $[\sigma = 5.67 \times 10^{-8}\,\text{W}/(\text{m}^2 \cdot \text{K}^4)]$。

将上式可改写成：

$$q_{rad} = h_{rad}(T - T_\infty) \tag{5-26}$$

其中，$h_{rad}$ 是辐射换热系数，定义为

$$h_{rad} = \varepsilon\sigma(T + T_\infty)(T^2 + T_\infty^2) \tag{5-27}$$

由此可得，超级电容器表面总的换热系数为

$$h_c = h_{conv} + h_{rad} \tag{5-28}$$

总热流密度为

$$q = h_c(T - T_\infty) \tag{5-29}$$

### 5.3.3 卷绕式超级电容器热行为研究的结果与讨论

在室温 25℃ 条件下，对卷绕式超级电容器采用 2A 电流进行恒流充放电，电压随时间变化规律如图 5-12 所示。在仿真温度区间内，内部发热功率可以近似为 $P = I^2R = 0.12\text{W}$，核心区体积 $V = 2.089\text{cm}^3$，由此可得出单位体积生热率 $p = 57.44\text{kW/m}^3$。

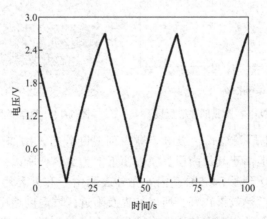

图 5-12　在 2A 电流下的恒流充放电曲线

结合超级电容器热行为物理参数和相关理论，可得到部分温度下的综合换热系数，见表 5-4。

表 5-4　部分温度下的综合换热系数　　［单位 W/（m² · K）］

| $T$ | 43℃ | 40℃ | 37℃ | 34℃ | 31℃ | 28℃ |
|---|---|---|---|---|---|---|
| $h_{conv}$ | 6.802 | 6.496 | 6.151 | 5.727 | 5.175 | 4.356 |
| $h_{rad}$ | 1.642 | 1.618 | 1.594 | 1.571 | 1.546 | 1.523 |
| $h_c$ | 8.444 | 8.114 | 7.745 | 7.298 | 6.721 | 5.879 |

表注同表 5-2。

采用 2A 电流对卷绕式超级电容器进行 50 次循环充放电实验，讨论底部径向温度随循环次数的变化规律，底部中心温度的仿真和实验测试结果如图 5-13 所示。其中实验测试是采用 OMEGA 公司生产的 K 型黏合式热电偶对卷绕式超级电容器的温度进行测量，热电偶测量点的分布图如图 5-14 所示。由图可知，两条曲线均可大致分为暂态上升和稳态两个部分。在初始阶段，温度以较快的速度升高，当循环次数增加到 35 次时，温度变化趋于平缓，实验测试与仿真结果分别为 42.9℃和 42.5℃，随后曲线发展进入稳态区。由于仿真过程中超级电容器内部热源只有内电阻产生的焦耳热，仿真曲线与测量结果存在微小的偏差，但总体上符合较好，说明了仿真结果的可靠性。经验证，其他热电偶测量点和数据仿真结果符合也较好。

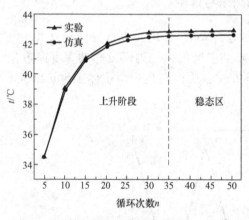

图 5-13　卷绕式超级电容器底部中心温度

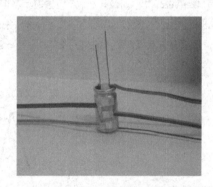

图 5-14　热电偶测量点的分布图

5 次循环充放电后卷绕式超级电容器内部温度分布云图如图 5-15 所示，虽然核心区均匀生热，但由于其最内层真空表面近似为绝热，所以核心区内部靠近中心的位置温度最高，达到了 34.5℃。铝外壳外表面由于和外界环境之间存在对流换热以及辐射换热，散热效果较好，所以外壳及附近区域温度相比核心区内部有明显的降低。最高温度仍然出现在核心区内部靠近中心的位置，达到 42.7℃。

图 5-16 所示为卷绕式超级电容器稳态后温度分布云图。此时，温度场分布随时间不发生明显的变化。对超级电容器稳态温度场分析可得，进入稳态后，超级电容器内部温度场结构与 5 次循环充放电时基本类似，但整体温度有明显的提高。稳

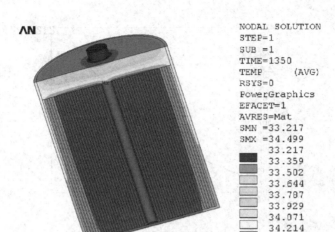

图 5-15　5 次循环后卷绕式超级电容器内部温度分布云图

态时最高温度仍出现在核心区内部靠近中心的位置，达到 42.7℃。相比室温，超级电容器工作总体温升大约为 17℃。

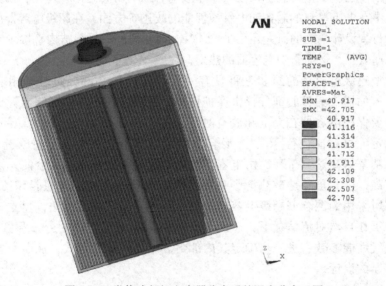

图 5-16　卷绕式超级电容器稳态后的温度分布云图

为了进一步分析核心区内部最高温度与充放电电流关系，分别选取 1A、2A、3A、4A 和 5A 参考电流对卷绕式超级电容器进行恒流循环充放电，测试稳态后的温度分布。图 5-17 所示是稳态后最高温度与电流的关系图，由图可知，随着充放电电流的增大，内部最高温度急剧升高。当电流为 4A 和 5A 时，最高温度分别超过了 60℃ 和 80℃。由此可见，大电流连续充放电时，需采取一定的冷却措施，以保证超级电容器处于最佳的工作状态。

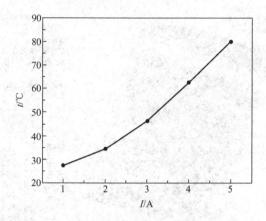

图 5-17　稳态后最高温度与电流的关系图

## 5.4　混合型超级电容器的热行为研究

近年来，已有一些科研机构投入到超级电容器的研究之中。但是，研究工作主要还是集中在电极材料的制备和电解液性能的改进等方面，在超级电容器的结构和元器件的封装设计方面的研究还很少[36-38]。而元器件的封装结构直接影响其内部热量的传递效果，进而影响电容器的热寿命。

混合型超级电容器的封装是将具有一定功能的核心部分封装于相应的壳体内，它一方面需要为核心部分提供保护作用，保障电荷正常地存储与释放；另一方面还需要保障电容器在充电和放电时产生的热量能顺利地传输到外部环境中，确保其稳定、可靠地运行[39,40]。混合型超级电容器在大电流下进行充放电时，瞬间峰值功率可高达数千瓦，由电容器的内电阻产生的焦尔热将会使元器件内部的温度升高，能否迅速地散热会影响到超级电容器本身的电气性能和使用寿命。针对本书所采用的混合型超级电容器结构，利用有限元分析方法，建立二维传热模型，分析在自然对流情况下，超级电容器内部瞬态温度场的分布和散热过程，并结合电气性能参数，进一步确定其内部封装结构的最佳形式，从而完善混合型超级电容器的设计。

### 5.4.1　传热模型

混合型超级电容器在进行大电流充放电时，能够迅速地存储或释放能量。其中少部分电能因内电阻的消耗被转换为热能，热量从电容器的内部向外部传递，经外壳表面与周围的空气进行对流换热，所以混合超级电容器的传热过程包括元器件内部的热传导和外部的对流换热[41,42]。为了简化分析计算过程，选择圆柱坐标系，建立二维传热模型，其解析域是过混合型超级电容器的轴线，并与上下表面垂直的剖面。该散热现象是二维瞬态导热问题，元器件内部的热传导微分方程满足：

$$\frac{\partial^2 T}{\partial r^2} + \frac{\partial^2 T}{\partial z^2} + \frac{1}{r}\frac{\partial T}{\partial r} = \frac{1}{\alpha}\frac{\partial T}{\partial \tau} \qquad (5\text{-}30)$$

式中　$T$——温度函数，$T = T(z, r, \tau)$；

　　　　$z$——轴向坐标；

　　　　$r$——径向坐标；

　　　　$\tau$——时间变量；

　　　　$\alpha$——平均导温系数。

在解析域内，热量从混合型超级电容器的中心向外部传递，并且在自然状态下，通过上、下表面及圆周侧面与环境温度为20℃的空气进行对流换热，所以边界条件应满足方程：

$$-\lambda\frac{\partial T}{\partial n} = h(T_w - T_\infty) \qquad (5\text{-}31)$$

式中　$\lambda$——导热系数；

　　　　$n$——混合型超级电容器封装表面的法线方向；

　　　　$h$——对流换热系数，在自然对流条件下取 $10W/(m^2 \cdot K)$；

　　　$T_w$、$T_\infty$——为元器件的表面温度和空气中无穷远处的温度。

假设混合型超级电容器在峰值功率作用下进行大电流充放电，内部达到了最高允许温度85℃。将解析域用8节点四边形轴对称单元进行网格划分，用有限元法求解混合型超级电容器的传热过程及内部温度场的分布情况，考察元器件的封装结构确定后，能否使内部的热量及时地传递到外部空气中。混合型超级电容器所选用主要材料的物理性能见表5-5。

表5-5　主要材料的物理性能

| 材　料 | 名　　称 | 导热系数/[W/(m·K)] | 密度/(g/cm³) | 比热容/[J/(g·K)] |
|---|---|---|---|---|
| 电解质 | 硫酸溶液 | 0.69 | 1.53 | 4.185 |
| 电极材料 | 二氧化钌/活性炭 | 32 | 2.71 | 0.396 |
| 外壳 | 金属钽 | 54 | 16.68 | 0.142 |
| 隔板 | 玻璃纤维布 | 0.043 | 0.036 | 1.217 |

## 5.4.2　传热分析与讨论

图5-18所示是当 $\tau = 120s$ 时，解析域的温度分布云图，可知元器件中心的温度最高，温度梯度比较均匀。图5-19中的曲线是混合型超级电容器中心在散热过程中温度变化的规律，假设当 $\tau = 0$ 时，超级电容器内部从极限温度85℃开始，通过外壳与周围空气进行对流换热，当 $\tau = 120s$ 时，电容器中心的温度为52.21℃，降低了49.95%，此时元器件中心与外表面的最大温差为1.15℃；当 $\tau = 600s$ 时，

电容器中心的温度为40.16℃，降低了69.23%，最大温差为0.82℃；当$\tau=1000s$时，中心的温度为35.27℃，降低了76.6%，最大温差为0.17℃。之后，由于元器件的温度逐渐接近环境温度，温度变化开始缓慢，内部温差更小，这时残余的热量对电容器的电化学性能影响不大。通过上述分析可知，混合型超级电容器能够在很短的时间内，将76%以上有损于电容器电气性能的热量传递出去，说明它的热恢复性能较好。

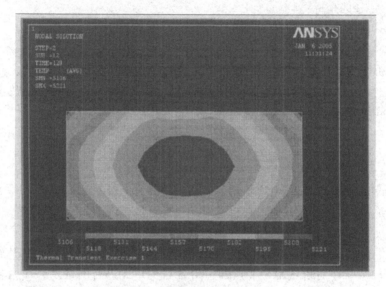

图5-18　温度分布云图 $\tau=120s$

　　将混合型超级电容器内部封装的单元数量增加到4，由于各单元之间是并联连接，单元数量增加后，可使总电容量增加，内电阻减少。所以，从电气性能方面考虑，增加封装单元的数量将是有利的。但是，从热性能方面分析，此时电容器的轴向尺寸由原来的16mm增加到22mm，将对散热速度和温度分布有影响。当时，其温度分布云图如图5-20所示，电容器中心的最高温度为60.55℃，此时元器件中心与外表面的最大温差增加到1.65℃。传热过程的温度变化规律如图5-19中的曲线 b 所示，当 $\tau=1000s$ 时，中心温度为43.82℃。与图5-18比较，散热速度缓慢，温度梯度明显不均匀。

　　根据传热分析，在混合型超级电容器的传热过程中，传热量应包括元器件内部的热传导和外部空气的对流换热量，所以，沿着径向和

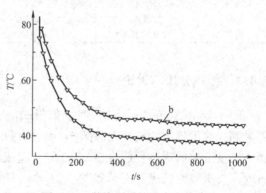

图5-19　散热过程的温度变化曲线

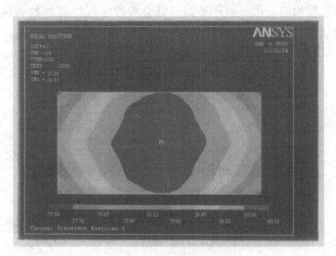

图 5-20 温度分布云图

轴向的传热量分别用 $\phi_1$ 和 $\phi_2$ 表示：

$$\phi_1 = \frac{\Delta T_1}{\delta_1/\lambda A_1} + \frac{\Delta T_1}{1/hA_1} \tag{5-32}$$

$$\phi_2 = \frac{\Delta T_2}{n\delta_2/\lambda A_2} + \frac{\Delta T_2}{1/hA_2} \tag{5-33}$$

式中　$A_1$、$A_2$——元器件外表沿着径向和轴向的传热面积；

　　　$\Delta T$——温差，是热量流动的驱动力；

　　　$n$——电容器内封装单元的数量；

　　　$h$——对流传热系数；

　　　$\lambda$——导热系数；

　　$\delta_1$、$\delta_2$——每个单元沿着径向和轴向的传热路程，电容器总的传热量为
　　　$\phi = \phi_1 + \phi_2$。

由方程式(5-32) 得出径向传热量与传热面积成正比，在封装电容器时，随着内部封装的单元数量 $n$ 增加，混合型超级电容器径向的传热面积 $A_1$ 增加，所以，径向传热量增加而电容器轴向的传热面积 $A_2$ 不变。由方程式(5-33) 可知，当 $n$ 增加时，在电容器内部沿着轴向的传热路径增加，轴向的传热量和传递速率将随之降低。

图 5-21 所示反映了超级电容器封装单元的数量与各个方向传热比例的关系，曲线 b、c 分别表示沿着径向和轴向的传热比例。当封装单元的数量为 1 时，轴向尺寸最小，传热路径短，散热较快。因为，轴向的传热面积 $A_2$ 远大于径向的传热面积 $A_1$，此时的散热主要以轴向传热为主，其传热比例远远大于径向的传热比例。随着封装单元的数量增加时，径向传热面积 $A_1$ 增加，从而使径向传热比例增加，轴向传热比例相对减小。当封装单元的数量为 3 时，轴向和径向的传热比例接近平

衡，温度分布比较均匀，散热效果最好。综合考虑电气性能参数和热场分布情况，选择混合型超级电容器内部封装的单元数量为3。

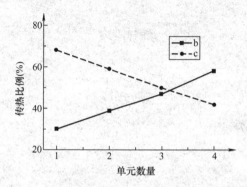

图5-21　不同封装数量对各向传热的影响（$\tau = 120s$）

从电气性能考虑，当内部封装单元的数量由从1增加到4时，电容器的内电阻随之减小，分别为$0.8\Omega$、$0.52\Omega$、$0.46\Omega$和$0.41\Omega$，所以，内电阻产生的热损耗也相应地减小。图5-22所示为上述四种封装形式的混合型超级电容器在同一恒定电流下充放电时，电阻与最大温差的关系。可见，当封装结构不同时，电阻不同，所产生的热效应不同。多单元并联后，电阻减小，允许通过元器件的最大放电电流增加，从而提高了混合型超级电容器的功率密度。

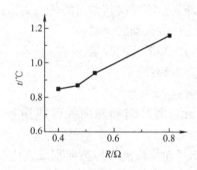

图5-22　电阻与最大温差的关系（$\tau = 120s$）

通过上述分析得出以下结论：增加混合型超级电容器内部封装单元的数量，可以减小内电阻、增加电容量、提高单位体积的储能密度和功率密度，使电气性能参数更加理想。但是考虑到电流的热效应，通过对超级电容器内部温度场的模拟，分析了不同的封装结构对混合型超级电容器散热过程的影响。得出当沿着轴向和径向的散热比例达到平衡时，内部温度场分布均匀，散热效果最好，因而确定混合型超级电容器内部封装3个单元。该研究结果为超级电容器的热设计提供了重要的依据。

# 第6章 超级电容器测试系统的研究

## 6.1 引言

超级电容器的性能研究需要一套完善的测试手段。目前，超级电容器综合性能测试主要是使用电化学工作站，该系统可以实现循环伏安、交流阻抗和小电流的恒流充放电等测试[43]。恒流充放电曲线可以准确、直观地反映超级电容器的性能。目前国内产品输出电流较小，主要是由于测试设备的响应速度慢，对于研究超级电容器大电流快速充放电性能，显然无法满足需求[44]。恒功率放电是衡量超级电容器大功率输出性能的另一项重要指标，因此恒功率放电实验也具有重要的意义[45]。

为了完善超级电容器的测试手段，解决现有测试设备电流小和功率低的问题，本章设计了一种恒流充放电和恒功率放电测试系统。测试系统应用双向 Buck/Boost 变换器，通过传感器采样超级电容器的电流和电压，利用直接导通时间控制变换器的占空比以达到恒流充放电和恒功率放电的目的。其具体工作参数：电压测试范围为 $0 \sim 100V$，电流测试范围为 $100mA \sim 10A$，恒功率范围为 $0 \sim 500W$[46]。

## 6.2 测试系统总体设计

系统结构框图如图 6-1 所示。该系统由 DSP 主控单元、Buck – Boost 变换器、电压和电流检测电路、耗能电阻电路、IGBT 和继电器驱动电路、系统供电电路和上位机组成。

双向 DC – DC 变换器（Bi-directional DC – DC Converter，BDC）可以工作在双象限，能量能够双向传输，功能上等同于两个单向直流变换器，是典型的"一机双用"设备。Buck-Boost 变换器工作方式有电感电流连续模式（Continuous Current Mode，CCM）和电感电流断续模式（Discontinuous Current Mode，DCM）两种基本工作方式，超级电容器充放电变换器和恒功率拓扑结构采用双向 Buck/Boost 电路，变换器拓扑结构如图 6-2 所示。

变换器分为正向降压充电状态和反向升压放电状态。电路正向工作在 Buck 状

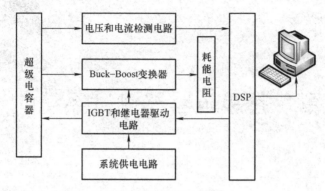

图 6-1  系统结构框图

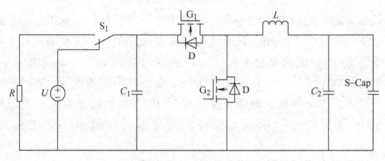

图 6-2  超级电容器充放电变换器拓扑结构

态,此时开关管 $G_1$ 工作在 PWM 状态,$G_2$ 截止,超级电容器处于充电状态。利用霍尔传感器反馈超级电容器充电电流,经 PI 运算后控制 $G_1$ 占空比,以实现恒流充电。超级电容器充电时的等效电路如图 6-3 所示。

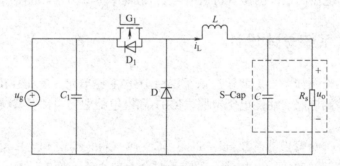

图 6-3  超级电容器充电时的等效电路

当超级电容器电压达到设定值时,控制继电器切换触点,控制开关管 $G_2$ 工作在 PWM 状态,$G_1$ 截止,超级电容器处于放电状态。此时采样超级电容器的放电电流,系统处于前馈状态,通过 PI 运算保证恒流放电。超级电容器放电时的等效电路如图 6-4 所示。

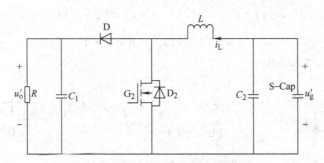

图 6-4　超级电容器放电时的等效电路

　　双向 Buck/Boost 变换器分为正向降压和反向升压两个工作状态。采用状态空间平均法分别对两个状态建立小信号模型。

　　系统变换器处于 Buck 状态时电路状态方程为

$$
\begin{bmatrix} \dfrac{\mathrm{d}i_\mathrm{L}(t)}{\mathrm{d}t} \\[2mm] \dfrac{\mathrm{d}u_\mathrm{o}(t)}{\mathrm{d}t} \end{bmatrix} = \begin{bmatrix} 0 & -\dfrac{1}{L} \\[2mm] \dfrac{1}{C} & -\dfrac{1}{R_\mathrm{s}C} \end{bmatrix} \begin{bmatrix} i_\mathrm{L}(t) \\[2mm] u_\mathrm{o}(t) \end{bmatrix} + \begin{bmatrix} \dfrac{d}{L} \\[2mm] 0 \end{bmatrix} \begin{bmatrix} u_\mathrm{g}(t) \end{bmatrix} \tag{6-1}
$$

对系统添加扰动：

$$
i_\mathrm{L}(t) = I_\mathrm{L} + \hat{i}_\mathrm{L}(t) \qquad u_\mathrm{o}(t) = U_\mathrm{o} + \hat{u}_\mathrm{o}(t) \tag{6-2}
$$

$$
u_\mathrm{g}(t) = U_\mathrm{g} + \hat{u}_\mathrm{g}(t) \qquad d = D + \hat{d}(t) \tag{6-3}
$$

消除无穷大和无穷小项可得

$$
\begin{bmatrix} \dfrac{\mathrm{d}i_\mathrm{L}(t)}{\mathrm{d}t} \\[2mm] \dfrac{\mathrm{d}u_\mathrm{o}(t)}{\mathrm{d}t} \end{bmatrix} = \begin{bmatrix} 0 & -\dfrac{1}{L} \\[2mm] \dfrac{1}{C} & -\dfrac{1}{R_\mathrm{s}C} \end{bmatrix} \begin{bmatrix} \hat{i}_\mathrm{L}(t) \\[2mm] \hat{u}_\mathrm{o}(t) \end{bmatrix} + \begin{bmatrix} \dfrac{u_\mathrm{g}}{L} \\[2mm] 0 \end{bmatrix} \begin{bmatrix} \hat{d}(t) \end{bmatrix} + \begin{bmatrix} \dfrac{D}{L} \\[2mm] 0 \end{bmatrix} \begin{bmatrix} \hat{u}_\mathrm{g}(t) \end{bmatrix} \tag{6-4}
$$

设 $\hat{d}(t) = 0$，方程可简化为

$$
\begin{bmatrix} \dfrac{\mathrm{d}i_\mathrm{L}(t)}{\mathrm{d}t} \\[2mm] \dfrac{\mathrm{d}u_\mathrm{o}(t)}{\mathrm{d}t} \end{bmatrix} = \begin{bmatrix} 0 & -\dfrac{1}{L} \\[2mm] \dfrac{1}{C} & -\dfrac{1}{R_\mathrm{s}C} \end{bmatrix} \begin{bmatrix} \hat{i}_\mathrm{L}(t) \\[2mm] \hat{u}_\mathrm{o}(t) \end{bmatrix} + \begin{bmatrix} \dfrac{D}{L} \\[2mm] 0 \end{bmatrix} \begin{bmatrix} \hat{u}_\mathrm{g}(t) \end{bmatrix} \tag{6-5}
$$

同理，系统处于 Boost 状态时电路状态方程为

$$
\begin{bmatrix} \dfrac{\mathrm{d}i_\mathrm{L}(t)}{\mathrm{d}t} \\[2mm] \dfrac{\mathrm{d}u_\mathrm{o}'(t)}{\mathrm{d}t} \end{bmatrix} = \begin{bmatrix} 0 & -\dfrac{1-d}{L} \\[2mm] \dfrac{1-d}{C_1} & -\dfrac{1}{RC_1} \end{bmatrix} \begin{bmatrix} i_\mathrm{L}(t) \\[2mm] u_\mathrm{o}'(t) \end{bmatrix} + \begin{bmatrix} \dfrac{1}{L} \\[2mm] 0 \end{bmatrix} \begin{bmatrix} u_\mathrm{g}'(t) \end{bmatrix} \tag{6-6}
$$

对系统添加扰动：

$$i_L(t) = I_L + \hat{i}_L(t) \qquad u_o'(t) = U_o' + \hat{u}_o'(t) \tag{6-7}$$

$$u_g'(t) = U_g' + \hat{u}_g'(t) \qquad d = D + \hat{d}(t) \tag{6-8}$$

消除无穷大和无穷小项：

$$\begin{bmatrix} \dfrac{di_L(t)}{dt} \\ \dfrac{du_o'(t)}{dt} \end{bmatrix} = \begin{bmatrix} 0 & -\dfrac{1-D}{L} \\ \dfrac{1-D}{C_1} & -\dfrac{1}{RC_1} \end{bmatrix} \begin{bmatrix} \hat{i}_L(t) \\ \hat{u}_o'(t) \end{bmatrix} + \begin{bmatrix} 0 & U_o' \\ -\dfrac{I}{C_1} & 0 \end{bmatrix} \begin{bmatrix} \hat{d}(t) \end{bmatrix} + \begin{bmatrix} \dfrac{1}{L} \\ 0 \end{bmatrix} \begin{bmatrix} \hat{u}_g(t) \end{bmatrix}$$

$$\tag{6-9}$$

设 $\hat{d}(t) = 0$，方程可化简为

$$\begin{bmatrix} \dfrac{di_L(t)}{dt} \\ \dfrac{du_o'(t)}{dt} \end{bmatrix} = \begin{bmatrix} 0 & -\dfrac{1-D}{L} \\ \dfrac{1-D}{C_1} & -\dfrac{1}{RC_1} \end{bmatrix} \begin{bmatrix} \hat{i}_L(t) \\ \hat{u}_o'(t) \end{bmatrix} + \begin{bmatrix} \dfrac{1}{L} \\ 0 \end{bmatrix} \begin{bmatrix} \hat{u}_g'(t) \end{bmatrix} \tag{6-10}$$

应用 MATLAB 中的 Simulink 搭建电路，加入 PI 闭环控制，实现恒流充放电仿真。选取合理的参数：$K_p = 5$，$K_i = 0.1$，仿真结果表明开环和闭环特性良好，可以满足设计需求。

直接导通时间控制是指控制开关变换器的开关管，将其输出电压或输出电流稳定在设定值。本文使用 TMS320F28335 控制器采样充放电电流，利用直接导通时间控制方法控制开关管的占空比。

当系统正向工作处于 Buck 状态时，系统闭环反馈充电电流经过 PI 运算控制开关管 $G_1$ 开关，以实现恒流充电；当系统反向工作处于 Boost 状态时，通过继电器切换触点，将放电电阻接入电路，此时系统处于前馈状态，通过电流传感器采样超级电容器的放电电流，经过 PI 运算控制开关管 $G_2$ 开关，以达到恒流放电的目的。

## 6.3 测试系统硬件设计

### 6.3.1 控制芯片的选择

控制芯片选用 DSP 中 TMS320F28335，专门设计了以 TMS320F28335 为主控芯片的最小系统。此控制芯片主要完成了控制算法处理、电参量的采集和 PWM 信号的输出。该最小系统主要包括晶振电路、复位电路、供电电路、JTAG 仿真接口电路等。由于 DSP 的供电电源是 3.3V，而 TMS320F28335 组成的应用系统内核电压（1.9V）与 I/O 供电电压（3.3V）不同，所以电源部分采用 TPS63HD301（两路输出）来实现。在输入部分，由于所设计的系统供电电源与电源元器件距离小于 10cm，为了滤除噪声，提高响应速度，在输入端接入 0.1μF 的贴片电容。在输出

部分，通过将 $10\mu F$ 的固体钽电容接地可有效保证满载情况下的稳定性。除此以外，最小系统的模拟信号和数字信号全部由端子排引出，方便系统的拓展和外围电路的连接[47]。基于 TMS320F28335 的最小系统实物照片如图 6-5 所示。

图 6-5　基于 TMS320F28335 的最小系统实物照片

## 6.3.2　IGBT 和继电器驱动电路

绝缘栅双极型晶体管（Insulated Gate Bipolar Transistor，IGBT）是由双极型三极管（BJT）和绝缘栅型场效应晶体管（MOSFET）组成的复合全控型电压驱动式功率半导体器件[48]。IGBT 不但具有 GTR 的阻断电压高、载流量大的多项优点，又具有 MOSFET 的驱动电路简单、开关频率高、热温度性好、输入阻抗高和工作速度快的优点[49]。因此，IGBT 被广泛应用于直流斩波升降压电路。IGBT 的频率特性介于功率晶体管与 MOSFET 之间，在几千赫兹频率范围内仍然可以正常工作，得到了大范围的应用。IGBT 为整套测试系统的核心器件，直接影响了系统的性能参数，所以 IGBT 的驱动电路选择也相当重要。IGBT 驱动电路需要考虑以下方面：

1）具有合适的关断电压和导通电压；

2）根据系统的具体要求选择栅极驱动电阻 $R_G$；

3）在打开和关断的过程中会消耗驱动模块的功率，栅极的最小峰值电流计算方法由式（6-11）所示：

$$I_{GP} = \frac{\Delta U_{GE}}{R_G + R_g} \tag{6-11}$$

式中　$\Delta U_{GE}$——$\Delta U_{GE} = +U_{GE} + |-U_{GE}|$；

　　　$R_g$——IGBT 的内部电阻；

　　　$R_G$——IGBT 的栅极电阻。

如果 IGBT 的栅极电容为 $C_{GE}$，开关频率为 $f$，则驱动模块的平均功率可以表示为

$$P_{AV} = C_{GE} \Delta U_{GE}^2 f \tag{6-12}$$

4）当 IGBT 过电流或者负载出现短路时，驱动电路必须保证能够抑制故障电流，保护 IGBT 免受冲击。

主电路是通过 IGBT 的开关来控制充放电电流大小和是否充放电，进而完成恒流充电的过程。由于 DSP 的 I/O 口输出的高电平信号幅值过低（一般在 3.3V 以下），同时在 IGBT 关断时 DSP 不能提供相应的负电压来及时关断 IGBT，因此应用驱动电路来完成 IGBT 正常的开通和关断。此外，IGBT 是电压驱动型器件，其栅-源极之间有数千皮法的极间电容，为了快速形成驱动电压，要求驱动电路具有较小的驱动电阻，并进行隔离。所以 DSP 输出的电平信号必须借助光耦驱动电路才能顺利实现 IGBT 正常的开通和关断。本系统选用日本东芝公司生产的 TLP250 芯片驱动 IGBT，其具有 10~35V 的供电范围，输出电流最大可达 1.5A，开关时间 $t_{pLH}/t_{pHL} \leqslant 0.5$，可以满足 IGBT 的驱动要求。

IGBT 和继电器的驱动电路模块如图 6-6 所示。TLP250 的 2 脚接控制信号，用来接收 DSP 的 I/O 口输出电平作为驱动芯片的输入信号，3 脚通过 470Ω 电阻接地。TLP250 的 5 脚接地后接入一个稳压管，这个稳压管能够将 IGBT 的源级电压钳位在稳压管的击穿电压，当 DSP 输出低电平时，$U_{GE} < 0V$，IGBT 关断；DSP 输出高电平时，$U_{GE} > 0V$，且大于 IGBT 开启电压，IGBT 开通，用同样方法驱动继电器。

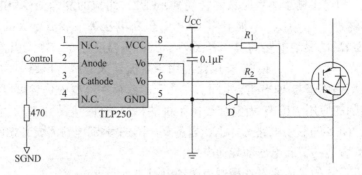

图 6-6　IGBT 和继电器的驱动电路模块

### 6.3.3　采样电路设计

1. 电压采样电路及调理电路

该部分设计包括电压传感器外围电路和信号调理电路。由于本系统设计的输入电压范围为 0~100V，并且该电压信号之间不共地，而单片机 AD 转换能识别的电

压范围在 0 ~ 3.3V 之间，故在电压信号采集环节，使用霍尔电压传感器 TBV 10/25A，该传感器的一、二次线圈是绝缘的，可将不共地的双极性电压信号转换为共地的单极性电压信号，并且响应时间为 40μs，匝数比为 2500 : 1000，满足本系统设计的需求。电压采样模块电路结构图如图 6-7 所示。电压传感器 TBV 10/25A 利用霍尔闭环零磁通原理，在一次侧匹配外置电阻，阻值需要满足电流一次侧输入的要求。霍尔传感器要求原边输入电流为 10mA 左右，故选取电阻为 $R_{in} = U_{in}/10\text{mA} = 10\text{k}\Omega$。根据匝比及二次电压 $U_{out} = 3.3\text{V}$，得到：

$$\frac{I_{in}}{I_{out}} = \frac{U_{in}}{R_{in}} : \frac{U_{out}}{R_o} = 1000 : 2500 \tag{6-13}$$

经计算可得 $R_o = 132\Omega$。

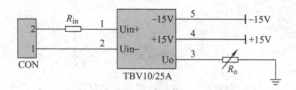

图 6-7 电压采样模块电路结构图

为了使二次侧的电压信号精确地传输给 AD 转换器，应用信号调理电路来提高该模拟电压信号的稳定性并且进行隔离。本文选用安捷伦公司的线性光耦 HC-NR201 及其外围电路组成信号调理电路。

LM324 是 TI 公司生产的具有差动输入的四运算放大器，单电源工作的范围 3 ~ 32V，HCNR201 内部由 2 个光敏二极管和 1 个发光二极管组成，通过反馈通路的非线性抵消了直流通路的非线性，可以消除发光二极管的非线性和偏差带来的误差，以此达到了线性隔离的目的。由两个相同 LM324 芯片作为 HCNR201 芯片的前后级，即信号调理电路的输入级和输出级。信号调理电路如图 6-8 所示。

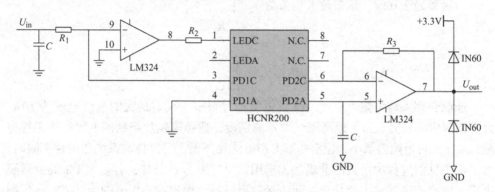

图 6-8 信号调理电路

## 2. 电流采集电路及信号调理电路

采用型号为 ACS 712 – 20A 的霍尔电流传感器组成采样电路，将其串联在电路中采集流过超级电容器的电流。电流采样模块电路结构图如图 6-9 所示。

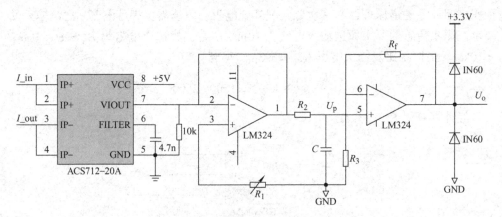

图 6-9  电流采样模块电路结构图

传感器的输出补偿电流信号由采样电阻 $R_1$ 变成电压信号，并且改变 $R_1$ 的大小可以改变传感器输出与输入之间的关系。输出端接入由运算放大器构成的电压跟随器来提高传感器输出的带载能力。增加电压跟随器是为了使输出阻抗降低和输入阻抗提高。霍尔传感器输出信号和采样信号通常受到外界干扰，使 AD 的转换数值不稳定，所以一般在电压跟随器输出端采用一阶 $RC$ 有源滤波电路来滤除干扰。

图 6-9 中一阶有源滤波电路，电路增益为

$$A_u(s) = \frac{U_o(s)}{U_i(s)} = \left(1 + \frac{R_f}{R_3}\right)\frac{1}{1 + sRC} \tag{6-14}$$

当频率趋于 0 时，通带放大倍数为

$$\begin{cases} A_{up} = 1 + \dfrac{R_f}{R_3} \\ f_p = \dfrac{1}{2\pi R_2 C} \end{cases} \tag{6-15}$$

选取合理采样电阻可以改变采集电流信号范围，设定最大的允许电流为 10A，计算出对应电阻值。为了提高测试设备的精度，选择康铜丝绕制的电阻作为采样电阻，由于此种电阻温漂小，额定功率大和电流噪声低。可以提高系统稳定性。同时，为了提高反馈过程中增益的准确性，选用额定功率为 0.25W，容差为 1% 的金属膜电阻。电流传感器输出信号经过两级运放调理后，输出的电压范围为 0 ~ 3.3V，满足 TMS320F28335 对电压信号的需求。

## 6.3.4 通信模块设计

为了将采集到的充放电端电压和放电功率实时传送至上位机，并绘制出超级电容器的充放电曲线，需要相应的通信模块。选用简单的串行通信模块 USART 可以方便地完成 DSP 与计算机之间的数据通信。

此处的串行通信模块采用三线方式。由于 DSP 输入和输出的电平为 TTL 电平（晶体管—晶体管逻辑电平），计算机配置 RS－232C 标准串行接口，二者电气规范不一致，因此计算机与单片机的串行数据通信需要进行电平转换。考虑 DSP 电平范围为 0~3.3V，故串行通信采用 SP3232EEN 芯片。该芯片是西伯斯公司（Sipex Corporation）开发生产，扩展电路方便简单，系统的串行通信模块电路图如图 6-10 所示。

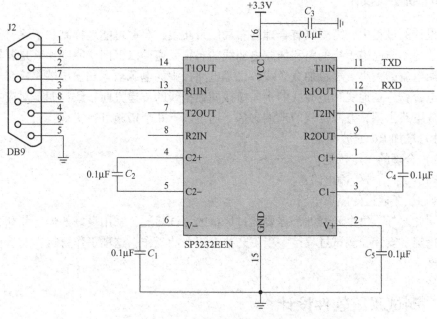

图 6-10　串行通信模块电路图

## 6.3.5 数据存储模块设计

测试系统的工作周期长，需要存储大量重要参数，而且存储数据在掉电情况下不能丢失。从经济和稳定性的角度考虑，系统采用金士顿公司生产的 TF/MICRO SD 卡。该 SD 卡采用单端 3.3V 供电且只需外接少量元器件，具有功耗低、集成度高、读写速度快、数据存储量大和数据掉电保护等优点。数据存储模块电路图如图 6-11 所示。

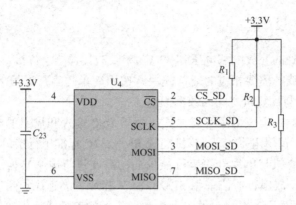

图 6-11　数据存储模块电路图

## 6.3.6　抗干扰设计

设计的过程中，需要具有合理的布局以及布线，要尽可能地抑制和消除，同时尽可能地切断电磁干扰的路和场。电源线的布置要遵循以下四个原则：一是要根据所导通电流的大小，尽量加宽导线；二是电路板中的电源输入和输出端要接合适的去耦电容；三是地线和电源线的走向应该同数据线的传递方向一致；四是对应单片机集成电路去耦，电源走线的末端去耦。通过以下几个措施进行实现：

1）增加 RC 滤波网络；

2）合理的一点接地；

3）屏蔽信号传输电路；

4）设置通道的隔离电路。

除此之外，每个元器件都需要经过严格的测试筛选，采用良好的焊、装和联的工艺措施。安装和测试过程是一项工艺要求很严的工作，这项工作直接影响着设备的精度。

## 6.4　测试系统软件设计

软件总体设计流程图如图 6-12 所示。

软件采用 PI 的双闭环控制，电流内环和电压外环参数通过仿真和实验调整优化而得。软件设计采用模块化，即以恒流源为控制核心，将其他环节如电压检测、电流检测、计算机和 DSP 的交互通信、数据处理等作为子模块。工作流程包括软件系统初始化、系统复位、I/O 口初始化、中断初始化、标志位设定、寄存器设定，随后进入主程序，主程序以恒流充放电为主体，实现电压数据的采集、A/D 转换、数据处理及控制信号的产生，同时调用复位程序来实现恒流充放电和恒功率放电。超级电容器恒流充放电测试系统流程图如图 6-13 所示。

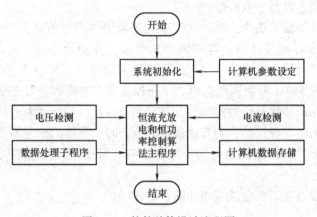

图 6-12　软件总体设计流程图

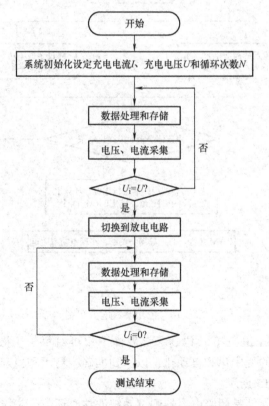

图 6-13　恒流充放电测试系统流程图

为了提高系统的精度,在软件的设计中增加了温度补偿环节。随着电流输出增加,由于温度或元件电气特性等因素电流的输出特性不是成线性增长,这会造成恒流设定值与实际输出值之间产生偏差,为了消除偏差采用软件的方式进行参数补偿。补偿方法为,通过软件编程将设定值与采样返回值进行比较,采用步长变化的多次比较动态调整进行参数补偿。

采用的软件补偿方法为，首先比较采集的数值与设定值的大小，计算误差率，并对输出参数进行增减补偿，有三种步长等级，分别为 1mA、0.1mA、0.01mA，补偿步进的等级选择由每次补偿结束后计算的测试值与真实值之差的绝对值决定，参数补偿周期为 5ms，补偿周期选用 5ms 是保证在有效值寄存器更新后立即读取有效值寄存器，保证参数补偿的实时性，每次参数补偿时都会读取有效值，并在读取的有效值基础上做增减补偿，当有效值没有更新时，补偿的幅度不会变化，而参数实际更新的周期为有效值更新周期，约为 1/3s。通过软件比较参数动态调整维持恒流输出。

超级电容器恒功率放电流程图如图 6-14 所示。

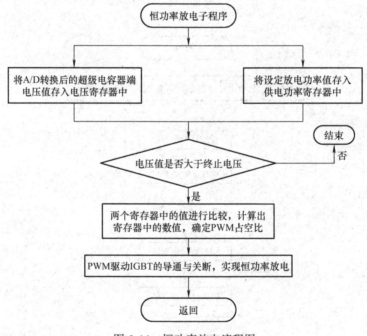

图 6-14  恒功率放电流程图

软件采用 Visual Basic 6.0 语言。该界面不仅可对每一步操作过程进行提示，而且实现操作流程的程序化和自动化，以达到准确、易用和稳定的效果。充放电测试系统界面如图 6-15 所示。

数据的处理和存储是超级电容器测试系统的核心环节。超级电容器的端电压和电流经过电压传感器和电流传感器、信号调理电路和模拟开关传送至 DSP 时，需要经过 DSP 将 A/D 转换后的数字量进行比较后处理，而由于电压信号在传递过程中存在一定的误差和脉动，因此在 A/D 采样程序的编写过程中采取多点求平均值的方法，来提高采样精确度。

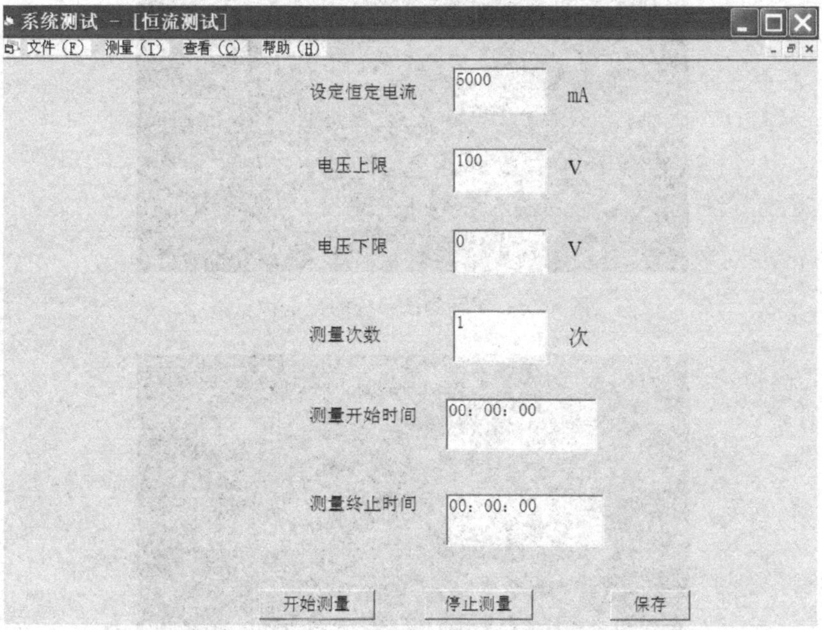

图 6-15  充放电测试系统界面

# 6.5  实验测试与结果

## 6.5.1  软件测试

软件测试主要检测控制电路的控制电压和输出结果。分两种情况进行测试，充电状态与放电状态。

充电状态：系统上电复位后，通过自检，符合充电条件，则通过键盘设定工作方式为充电模式，然后设定充电上限电压及充电电流值。设充电上限电压为 20V，充电电流为 1A。测试 D/A 芯片输出为 0.986V，转换到恒流电路为 0.986A 的输出电流。具体显示如图 6-16 所示。

放电状态：系统上电复位后，通过系统自检，符合放电条件，然后设定工作方式为放电模式，再设定放电下限电压及放电电流值。设放电下限电压为 1V，放电电流为 2.5A，经测试 D/A 芯片输出为 2.497V，转换到恒流电路为 2.497A 的输出电流。显示如图 6-17 所示。

测试结果分析：能够按着预先设定的控制电压输出，并将电压转换为输出电流，测试结果表面输出电流与设定电流有一定的误差，但仍在精度允许的范围内。误差产生的原因是由于 D/A 芯片输出量化的误差造成的，采用更高精度的 D/A 转

图 6-16　实际测试系统的充电状态

图 6-17　实际测试系统的放电状态

换芯片能减小误差。

## 6.5.2　硬件测试

本设计采用的是双并联结构，硬件测试主要对单个电路进行测试，控制电压为单片机输出的控制信号，采样电阻为 $0.1\Omega/5W$ 的高精度耐高温水泥电阻。测量不同的设定电流，得到控制电压和实际输出电流值见表 6-1。从表中可以看出，在电流较小时，其绝对误差和相对误差都较小，恒流特性比较理想，电流越大，输出电流变化的绝对误差就越大，恒流特性变差。主要原因是当电流增大时，在功率管上的功耗就越大，同时采样电阻不够精确，其上的绝对误差也相应地随着电流的增大而增大，导致恒流电路性能下降。

表 6-1　输出电流与给定值采样数据

| 预定输出电流/A | 控制电压/V | 输出电流/A | 绝对误差/mA | 相对误差（%） |
|---|---|---|---|---|
| 0.50 | 0.50 | 0.498 | 2 | 0.4 |
| 1.00 | 1.00 | 1.008 | 8 | 0.8 |
| 1.50 | 1.50 | 1.517 | 17 | 1.1 |
| 2.00 | 2.00 | 2.027 | 27 | 1.35 |
| 2.50 | 2.50 | 2.538 | 38 | 1.5 |

测试输出电流稳定度，设置 0.5A、1A、1.5A 三个点随时间的变换关系，测试数据如下，设采样电阻为 $0.1\Omega$。从图 6-18 中可以看出，恒流电路其输出电流的恒流特性较为理想，在电流较小时，如 0.5A 时，恒流特性较好，在电流较大时，如 1A 和 1.5A 时，输出电流的恒流特性变差，曲线有较大的起伏，波动达到 0.9% 和 1.1% 左右。这是因为，随着电流的增大，采样电阻阻值不够准确，其上的误差也越大，因此电流有较大的变化。

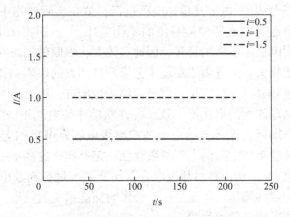

图 6-18 设定输出电流为 0.5A、1A、1.5A 时的恒流特性

### 6.5.3 超级电容器恒流充放电实验验证

利用自制的恒流测试系统对超级电容器进行充放电测试，电容器为 0.06F 的混合型超级电容器模块，在充、放电的整个过程中，对电容器两端电压进行监测，所测电压波形如图 6-19 所示。预先设定充电电流及放电电流均为 0.6A，充电到 25V，经过短暂平稳后转换到放电状态。由于电流恒定，电容器端电压随时间线性变化。测试结果表明，恒流源满足充放电要求[50]。

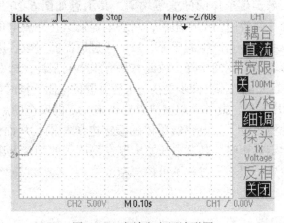

图 6-19 充放电电压波形图

本书大部分实验曲线均由本章建立的测试系统完成，这里不再重复列出。

## 6.6 串联超级电容器组电压均衡系统的研究

超级电容器作为一种新型的储能元件，填补了蓄电池和常规电容器之间的空白，满足了一些负载对高功率放电的要求，如应用在太阳能光伏发电、混合动力汽车、电能武器等场合[51]。由于其单体电压过低，故在实际应用中需要将多个单体串联使用，以提高超级电容器储能系统的工作电压[52]。而由于电容自身的特点，大规模的串联使用降低了总体的容量，因此又需要在串联的同时并联一定数量的电容器，以弥补容量损失。但是由于制造工艺及环境因素的影响，各单体电容在电气参数上会存在一定差异，比如容量、内阻、绝缘性能等，因而在大规模串并联使用时，会引起各串联单体间的电压不一致，各并联单体间电流不一致的情况[53]。同时在储能系统工作期间，循环充放电会造成超级电容器电极的老化和电解液的劣化，从而使各串并联单体之间的电气参数存在一定差异，这些不一致性经过若干次的循环会逐渐严重[54]。所以在对超级电容器储能系统进行充放电时，如对各串并联单体间不采取一定的均压、均流措施，会影响储能系统的效率，严重时储能系统会因为某一单体电容的失效而崩溃。

所以，在对超级电容器储能系统进行充电时，在串联单体间进行电压均衡，使其单元端电压始终控制在额定电压以内，并减小各单元的电压差异，是提高储能系统效率并保证其安全稳定运行的有效手段之一[55]。

在针对超级电容器或者蓄电池组成的储能系统设计电压均衡电路时，目前通常使用的主要有如下两种方式：

### 1. 耗能法

在小功率的应用场合，如果对均衡精度和成本不做太高要求，常采用并联电阻、稳压管等方法来实现单体间的电压均衡，其示意如图 6-20 所示。如图 6-20a 所示，电容单体均并联等阻值的电阻后，超级电容器组在充放电过程中，其单元端电压与充放电电流在电阻上产生的压降一致。通过恒流源对电容进行充电时，由于电流的大小直接影响电阻上的压降，故此方法有很多局限性，即对不同的电容或者采用不同的电流进行充电时需要同步更换与电容并联的电阻。同时由于电阻上始终有电流通过，电能利用率低，此外电阻发热也会带来一定的安全隐患[56]。在图 6-20b 中，选择稳压管的稳定电压与电容器单体的额定电压相同，从而使得充电过程中，当单体电压接近额定电压时，其端电压被限制在稳压管的稳定电压。此种方法虽然较前一方法耗能较少，但均衡过程不可控，精度差。

### 2. 非耗能法

由于基于耗能法的均衡电路存在着能量利用率低，均衡精度差的特点，研究使

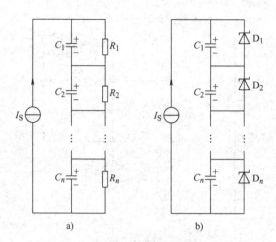

图 6-20　耗能法的电压均衡电路

用合理的电路拓扑,对串联超级电容器组在充放电过程中进行精确的电压控制,是非耗能法的基本思路。目前主要采用的方法包括飞渡电容法、直流变换器法、均衡变压器法等[57]。

飞渡电容法是利用独立的电容元件,将其作为串联超级电容器组的能量传递的中间环节,使得各串联超级电容器单体频繁与飞渡电容切换,其电路如图 6-21 所示, $C_{f1}$, $C_{f2}$, $\cdots$, $C_{fn}$ 均为飞渡电容,在某一时刻,将双向开关同时向一侧动作,使得飞渡电容 $C_{fi}$ 分别与 $C_i$ ($i = 1$, $2$, $3$, $\cdots$, $n$) 并联,完成相应的电荷转移;在下一时刻,双向开关向另一侧动作,从而使得飞渡电容 $C_{fi}$ 与 $C_{i+1}$ ($i = 1$, $2$, $3$, $\cdots$, $n$) 并联,完成电荷转移,伴随着双向开关的连续切换,实现了相邻超级电容器单体间的能量均衡,从而电压也趋于一致。但是此种方法如果有 $n$ 个飞渡电容,就需要 ($2n + 2$) 个开关元件,需要耗费大量的开关元件,成本高且控制复杂。

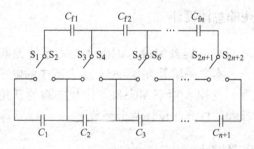

图 6-21　基于飞渡电容的电压均衡电路

直流变换器法主要是通过 DC-DC 变换器将各单体电容连接,使相邻的串联单体间的能量得到交换和传递,从而实现各单体之间的电压均衡,其电路如图 6-22 所示。

除以上几种方法以外,针对低功率低电压 (一般在 100W、10V 以下) 串联超级电容器组开发的均衡电路已日渐成熟,并取得了一定程度的集成化。例如芯片

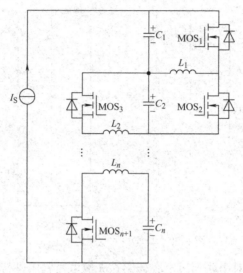

图 6-22　基于直流变换器的电压均衡电路

LTC6802、X3100 等，其在针对 4 ~ 5 组串联的超级电容器或者锂电池可以取得一定的均压效果，但是在众多高电压和高功率的应用场合，以上芯片皆不能满足要求。因此本文根据高压串联超级电容器组的特点，设计了一种基于 PIC 单片机的电压均衡系统，以满足高压电容器组之间的电压均衡，其具体的技术指标为

1）串联超级电容器单体电压均衡（输入）范围：DC 0 ~ 55V；

2）A/D 转换位数与精度：10 位，0.004V；

3）每 PCB 可均衡单体数量：5 个；

4）系统响应时间：1s；

5）系统误差：±3%。

### 6.6.1　电压均衡系统的总体设计

由于针对目前串联超级电容器组设计的电压均衡系统普遍存在功率较低[58]，输入电压范围窄的特点，本文采用具有 0 ~ 55V 输入范围的电压传感器作为串联单体输入电压的采集单元，使用大功率 MOSFET 作为电路的开关元件，具体设计主要包括电路的硬件设计和软件算法设计两个环节。

### 6.6.2　电压均衡主电路设计

该电压均衡系统的主电路如图 6-23 所示。当使用恒流源对串联超级电容器组进行充电时，将每个单体与一只 MOSFET（IRFP460）并联，同时单体的正极串联一只二极管 STTH30L06（其极性如图所示），其作用是避免与单体并联的 MOSFET 导通时引起单体电容的短路[59]。当与某单体并联的对应 MOSFET 导通时，恒流源输出的电流将沿着 MOSFET 流过，而不对该单体电容充电；当与单体并联的 MOS-FET 关断时，MOSFET 上没有电流通过，此时恒流源输出的电流对该单体电容充电。实时监测每一串联单体的电压，通过单片机根据一定的算法对 MOSFET 的开通关断进行相应的控制，就能对每一串联单体的端电压进行调节，从而实现整体串联电容器组单元间的电压均衡。

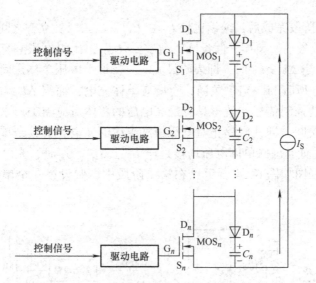

图 6-23 串联超级电容器组电压均衡系统的主电路

### 6.6.3 算法设计

根据前述的主电路结构可知，通过调整与超级电容器单体并联 MOSFET 的开通与关断，可以根据一定的算法实时地对串联单体的电压进行控制，而采取简洁有效的算法设计，对于实现电压均衡具有重要的作用。

本文设计了"两阶段均衡"的算法，其具体思路为：以恒流方式对串联超级电容器组进行充电时，充电全程分为两个阶段，两阶段以一个转折电压 $U_t$ 为转折点：第一阶段根据超级电容电压与充电时间之间的线性关系，在每个串联单体达到 $U_t$ 之前，将各单体之间的电压差值限制在一个范围；在第二阶段，断开电压最高单体的充电电流，给其余单体充电，继续进一步缩小该单体与其他单体间的电压差，具体过程为

1) 分析电容器（储能系统）的特点，设定转折电压 $U_t = 0.7 U_r$，（$U_r$ 为单体电容的额定电压）开始第一阶段充电。设置检测的周期，此时实时检测每一单体的电压，记为 $U_{C1}$，$U_{C2}$，$U_{C3}$，$\cdots$，$U_{Cn}$。

2) 计算每个单体电容与转折电压 $U_t$ 之间的差值 $\Delta U_i$（$i = 1, 2, 3, \cdots, n$），

即 $\Delta U_i = U_t - U_{Ci}$。找出初始电压最高的单体充电至转折电压的时间 $t_h$。且 $t_h = \dfrac{C \cdot \Delta U_h}{I_S}$，$\Delta U_h$ 为电压上升最快单体与转折电压之间的差值。

3）故在第一阶段开始之前，若每一单体电压均在转折电压 $U_t$ 以下，则继续第一阶段充电，即对各个单体恒流充电。若存在某一单体电压 $U_h$ 高于转折电压 $U_t$，则进入第二阶段。

4）在第一阶段完成后，继续比较 $U_{C1}$，$U_{C2}$，$U_{C3}$，$\cdots$，$U_{Cn}$ 之间的大小，找出此时电压最大及最小的单体。假设 $\Delta U = U_{max} - U_{min}$，$U_s$ 为电压差容许值（在本文中取 5% $U_r$），当 $\Delta U < U_s$ 时，即表明最大电压及最小电压单体之间的差值在容许值之内。此时，所有 MOSFET 关断，对所有单体充电；而当 $\Delta U \geq U_s$ 时，由控制单元输出相应的控制信号，使得具有最高电压的单体对应 MOSFET 导通，其余对应 MOSFET 均关断，即此时停止对电压最高单体的充电，对其余单体充电，直至满足 $\Delta U < U_s$。而当每一单体电压均接近于 $U_r$ 且 $\Delta U < U_s$ 时，充电结束。两阶段的电流流经路径图如图 6-24 所示（在第二阶段中，假设第一个串联电容的电压最高）。

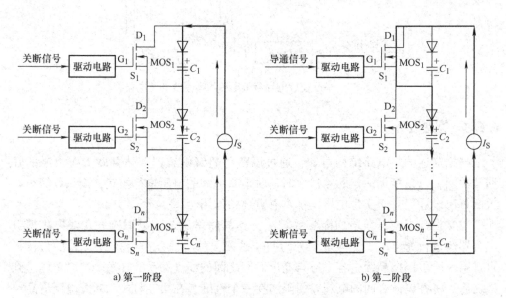

图 6-24　充电过程的电流流经路径图

### 6.6.4　电压均衡系统的硬件设计

均衡系统的硬件设计主要包括电压采集电路、单片机及其外围电路、开关管驱动电路及均衡主电路等。其具体的电路框图如图 6-25 所示。

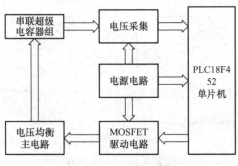

图 6-25 均衡系统框图

## 6.6.5 电压采集及信号调理电路

该部分的设计包括电压传感器外围电路和信号调理电路设计，由于本系统设计的单体输入电压范围为 0~55V，并且该电压信号之间不共地，而单片机 A/D 转换能识别的电压范围在 0~5V，故在电压信号采集环节，使用霍尔电压传感器 TBV10/25A，该传感器的一、二级是绝缘的，可以将不共地的双极性电压信号转换为共地的单极性电压信号，并且响应时间 40μs，匝比为 2500：1000，输入电压范围 0~55V，满足本系统设计的需要，其外围电路如图 6-26 所示。

电压传感器 TBV10/25A 利用霍尔闭环零磁通原理，在一次侧匹配外置电阻，该电阻的阻值需要满足一次侧输入电流的要求，由于本霍尔传感器要求一次侧输入电流为 10mA 左右，故选取该电阻值为 $R_{in} = R_{01} = 55V/10mA = 5.5k\Omega$。而根据匝比及二次侧电压 $U_{out} = 5V$，有公式：

$$\frac{I_{in}}{I_{out}} = \frac{U_{in}}{R_{in}} : \frac{U_{out}}{R_{out}} = 1000 : 2500 \tag{6-16}$$

所以得出：$R_{out} = R_1 = 200\Omega$。

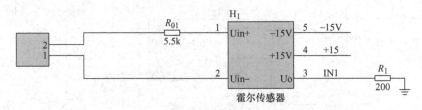

图 6-26 霍尔电压传感器及外围电路

当电压传感器将一次侧的单体电压输出至二次侧，为了使其二次侧的电压信号更精确地传输给 A/D 转换器，故需要使用信号调理电路以提高该模拟电压信号的稳定度并进行一定程度的隔离。本文利用安捷伦公司的线性光耦 HCNR201 及其外围电路组成信号调理电路，HCNR201 芯片的内部结构图如图 6-27 所示。

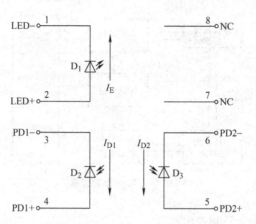

图 6-27　HCNR201 的内部结构图

HCNR201 内部由一个发光二极管 $D_1$ 和两个光敏二极管 $D_2$、$D_3$ 组成，每个光敏二极管均能从发光二极管上得到光照，当电流流过 $D_1$ 时，其发出的光被耦合到 $D_2$ 和 $D_3$，因而在输出端 PD1 产生的电流可以反馈到 LED 端，对输入信号进行反馈控制，通过反馈通路的非线性抵消了直流通路的非线性，消除了发光二极管的非线性和偏差带来的误差，达到了线性隔离的目的。同时在 PD2 端产生与输入光强成正比的输出电流。

由 HCNR201 及运算放大器 LM324 组成的信号调理电路如图 6-28 所示。其由两个相同的 LM324 芯片作为 HCNR200 芯片的前后级，亦即信号调理电路的输入和输出级。LM324 是由 TI 公司生产的具有真差动输入的四运算放大器，其共模输入输出范围包括负电压，单电源工作的范围 3 ~ 32V，其引脚结构如图 6-29 所示。具体的工作过程如下：

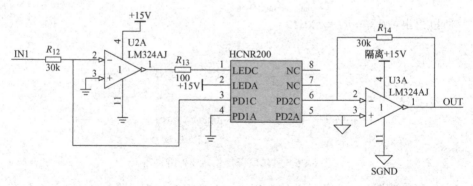

图 6-28　信号调理电路

根据运放虚断的原则，流过 $R_{12}$ 的电流即为光耦中的反馈电流 $I_{D1}$，如图 6-29 所示，设输入端电压为 $U_{IN1}$，光耦 3 脚的电压为 $U_{PD1C}$，则

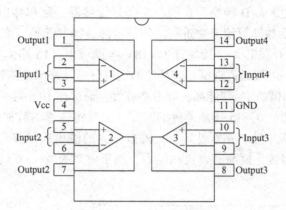

图 6-29　LM324 的引脚图

$$I_{D1} = \frac{U_{IN1} - U_{PD1C}}{R_{12}} \tag{6-17}$$

即有

$$U_{IN1} = I_{D1}R_{12} + U_{PD1C} \tag{6-18}$$

运放工作在非饱和状态下时，其输出电压即 1 脚的电压

$$U_1 = U_{0O} - GU_2 = U_{0O} - GU_{PD1C} \tag{6-19}$$

式中　$U_{0O}$——运放输入差模为 0 时的输出电压；

　　　$U_2$——前级运放 2 脚的电压。

对光耦而言，通过 LED 的电流

$$I_E = \frac{15 - U_1}{R_{13}} = \frac{15 - U_{0O} + GU_{PD1C}}{R_{13}} \tag{6-20}$$

根据光耦的工作特性，设 $K_1 = \dfrac{I_{D1}}{I_E}$，$K_2 = \dfrac{I_{D2}}{I_E}$，且一般情况下 $K_1 = K_2$ 则

$$I_{D1} = I_E \cdot K_1 = \frac{K_1(15 - U_{0O} + GU_{PD1C})}{R_{13}} \tag{6-21}$$

$$U_{PD1C} = \frac{R_{13} - 15K_1R_{12} + K_1R_{12}U_{0O}}{R_{13} + K_1GR_{12}} \tag{6-22}$$

对于光耦输出级对应运放的 1 脚，其电压 $U_{OUT} = I_{D2}R_{14}$，如果考虑到运放增益 $G$ 特别大，可以得到信号调理电路的输入和输出环节电压的比值 $A$ 为

$$A = \lim_{G \to \infty} \frac{U_{OUT}}{U_{IN1}} = \lim_{G \to \infty} \frac{I_{D2}R_{14}}{I_{D1}R_{12} + U_{PD1C}} = \frac{R_{14}I_{D2}}{R_{12}I_{D1}} = \frac{R_{14}K_2}{R_{12}K_1} = \frac{R_{14}}{R_{12}} \tag{6-23}$$

所以选取恰当的 $R_{14}$ 和 $R_{12}$ 来调节 $R_{14}$ 和 $R_{12}$ 的比值就可以调整输入电压和输出电压之比，在本文中选取 $R_{12} = R_{14} = 30k\Omega$。

### 6.6.6　模拟开关电路

由于本系统需要采集所有串联超级电容器单体的电压，而作为系统的控制核

心，PIC 单片机自身 A/D 转换器在同一时间只能接受一路单体电压的信号，所以需要采用多路转换器即模拟开关进行电压信号的选择和切换。本书选用 TI 公司的 CD4067 作为模拟开关芯片，其具有 3 ~ 18V 电源供电，16 路的高精度选择通道，通过 4 为地址编码进行通道选择，其具体的引脚分布及外围电路如图 6-30 所示。

引脚 15（INHIBIT）为使能端，低电平有效，通过在 10、11、13、14 脚进行高低电平的控制来选择 0 ~ 15 任意通道的数据，同时将选通的数据通过 1 脚（COMMON）输出至后级电路。在本设计中，模拟开关的输出后级接一电压跟随器，以提高信号的输入阻抗，提高其带负载能力，利于向后级的 A/D 转换器输入匹配的电压信号。

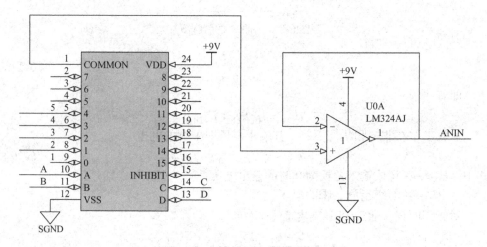

图 6-30　CD4067 及其外围电路

## 6.6.7　PIC 单片机及 A/D 转换

PIC 单片机为美国微芯（Microchip）公司生产的 8 位/16 位单片机，本文采用 PIC18F452 作为该均衡系统的控制单元，其采用 16 位的 RISC 指令系统，内置 10 位 A/D 转换器、$E^2PROM$ 存储器、比较输出、捕捉输入、PWM 输出（加上简单的滤波电路可以作为 D/A 输出）、异步串行通信（USART）接口电路、模拟电压比较器和 FLASH 程序存储器等多种功能，其具有以下特点：

1）2MB 的程序存储器及 4KB 的数据存储器，采用数据与指令总线分离的哈佛总线结构，执行速度高达 10MIPS（Million Instructions Per Second）。

2）4 个 8 位 I/O 口，10 位 8 通道的 AD 转换器，1Mbit/s 的 CAN 总线模块及捕捉/比较/脉宽调制模块，可寻址的 USART 模块，具有较低功耗及高速增强型 FLASH 技术及 2 ~ 5.5V 的电压工作范围。

本文采用单片机 PIC18F452 的最小系统如图 6-31 所示，主要有晶振、时钟及复位电路组成。

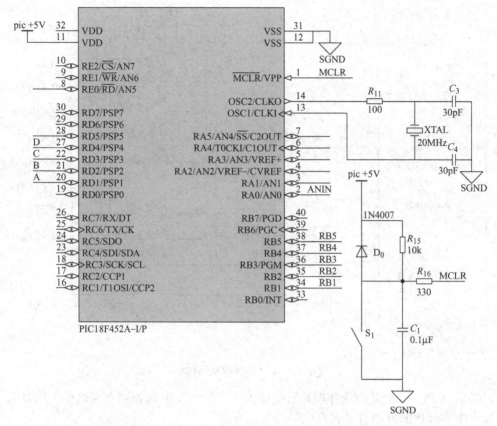

图 6-31 PIC18F452 的最小系统

在复位环节使用$\overline{\text{MCLR}}$低电平使能的复位方式，如图 6-31 所示，当开关 $S_1$ 闭合时，引脚$\overline{\text{MCLR}}$被强制拉低，从而使得单片机复位。此外，在时钟信号环节，采用高速晶体/陶瓷振荡方式（HS 方式），选用 30pF 的陶瓷电容及 20MHz 晶振构成时钟电路。

经由模拟开关及电压跟随器输出的电压信号送至单片机的 A/D 进行处理。PIC18F452 自带 10 位 8 通道 A/D 转换器，其 I/O 口的 RA0 ~ RA7 为 A/D 转换的输入口，其具体的结构框图如图 6-32 所示。

由于在编程方面 A/D 输入通道的选择是由对寄存器的 CH2、CH1、CH0 三个位进行编码决定的，为了简化程序、提高系统的运行效率，本设计仅使用 RA0 口作为 A/D 转换的输入口，前级电压通道的选择由模拟开关来完成。同时，A/D 转换器的参考电压可以通过开关 PCFG0 来选定，参考电压可以是单片机的供电电压，也可以是外界参考源电压。为了简化设计的同时提高转换精度，本设计采用 TI 公司的 REF02 芯片组成的电路作为单片机电源单片机供电电源，其引脚及外部电路

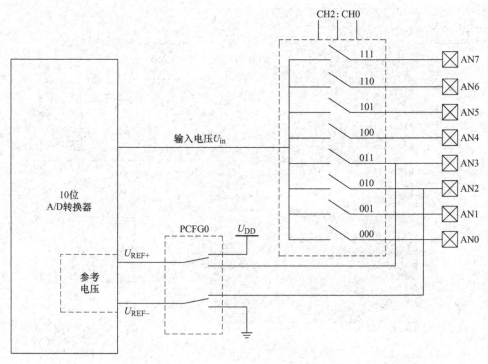

图 6-32　A/D 转换模块结构图

如图 6-33 所示。故此时选择单片机的电源 $U_{DD}$ 作为 A/D 转换的参考电压，同时通过程序使得 PCFG0 寄存器置高电平。

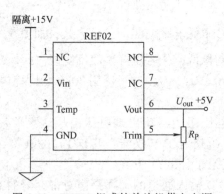

图 6-33　REF02 组成的单片机供电电源

## 6.6.8　MOSFET 驱动电路

由前述 6.2.1 节可知，在主电路中是通过 MOSFET 的通断来控制每一串联电容单体是否进行充电，进而完成均衡充电的过程的，在由单片机的 I/O 口输出的高电平信号其幅值过低（一般在 5V 以下），同时在 MOSFET 关断时单片机不能提供相应的负电压来及时关断 MOSFET，因此需要借助驱动电路来完成 MOSFET 正常的开通和关断。另一方面，MOSFET 作为一种电压驱动型器件，其栅-源极之间有数千皮法的极间电容，为了快速建立驱动电压，要求驱动电路具有较小的驱动电阻，并进行一定程度的隔离[60]。所以经由单片机输出的电平信号必须借助光耦驱动电路才能完成 MOSFET 正常的开通和关断。同时特别需要注意的是由于每个串联单体均与相应的 MOSFET 并联，在驱动各 MOSFET 时，其驱动的输出级不能共地，否则会使各串联电容单体由于正负极的短接而出现危险，故在驱动的选择上，每一个 MOSFET 需要单独驱动。在本设计中，选用东芝公司的 TLP250 芯片及其外围电路组成驱动电路，其具有 10～35V 的供电范围，输出电流最大可达 1.5A，开关时间 $t_{pLH}/t_{pHL} \leq 0.5\mu s$，满足本文所采用的 IRFP460 的驱动要求。

　　其任一 MOSFET 对应的驱动芯片引脚分布及电路图如图 6-34 所示。图中，芯片 2 脚接单片机的 RB1 口，用来接收单片机 I/O 口输出的高低电平作为驱动芯片的输入信号，3 脚通过 $R_{1.1}$ 接地。在驱动的输出级，5 脚和 6 脚分别通过电阻 $R_{1.3}$ 及稳压管 D1.1 输出至 MOSFET 的栅极和源极。在 5 脚右侧串联稳压管是为了在芯片前级无电平输入时，强制将 MOSFET 的栅源电压钳位在稳压管的击穿电压（-5V），以使 MOSFET 及时关断。

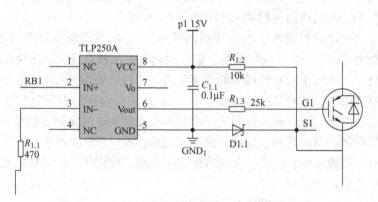

图 6-34　TLP250 组成的驱动电路

## 6.7　电压均衡系统的软件设计

　　根据上述硬件设计组成的均衡系统，提出相应的软件设计环节，软件设计采用模块化，即以电压均衡算法为核心，将其他环节如：电压检测、A/D 转换、数据处理等作为核心模块的辅助模块即子程序。主要的工作流程包括软件系统初始化，包括系统复位、各 I/O 口初始化、中断初始化、标志位设定、寄存器设定，随后进入主程序，主程序以电压均衡控制为主体，运行过程中调用各子程序模块，依次实现电压数据的采集、A/D 转换、数据处理及控制信号的产生，同时调用复位程序以完成电压均衡的目的。其运行结构框图如图 6-35 所示。

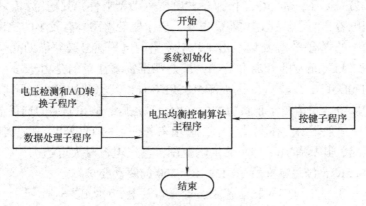

图 6-35　软件总体设计框图

在电压均衡主程序中，在初始化后先经由 A/D 转换的来的电压数据转换为十六进制数据并进行存储、比较、处理，再根据所述的"两阶段均衡"方法，对每一串联超级电容器单体先进行电压检测，当单体电压最高的电容达到预设转折电压时，进行第二阶段电压检测及控制，以缩小各串联单体之间的电压差异，达到电压均衡的目的。其具体的主程序流程图如图 6-36 所示。

由以上主程序可以看出，电压数据的采集及 A/D 转换是主程序的核心环节。串联单体的电压信号经由电压传感器、信号调理电路和模拟开关传送至单片机 A/D 时，需要经过单片机将 A/D 转换后的数字量进行比较后处理，而由于电压信号在传递的过程中存在着一定的误差和脉动，故在 A/D 采样程序的编写过程中，使用取多点平均值的方法，以提高采样的成功率和精确度。具体的操作方法是，在依次采完 $n$ 个串联单体的电压之后，完成一次采样周期，这样循环 5 次相同的采样，将采样的结果存入到数组中，然后再求出数组的平均值，此记为 $n$ 个单体的有效采样电压值，然后进行比较处理。

而由 PIC18F452 单片机的 A/D 转换原理可知，

$$模拟量 = \frac{参考电压 \times AD_{result}}{2^N} \tag{6-24}$$

其中模拟量是 A/D 采样得来的电压值，参考电压为 A/D 转换选取的参考电压的大小，本文中选取单片机的供电电源为参考源，故参考电压为 5V，$AD_{result}$ 为 A/D 转换得来的十六进制数值，$N$ 是 A/D 转换器的位数，本单片机为 10 位自带 A/D，故 $N=10$。

此外，在 PIC18F452 单片机的 A/D 转换器中，采样电路有一个电荷采样/保持电容（$C_{HOLD}$），只有此电容有足够的充电时间才能使 A/D 转换器满足一定的精度要求。另外，A/D 转换时钟的选择可以选 16 倍 $T_{OSC}$（$T_{OSC}$ 为系统工作周期）。设

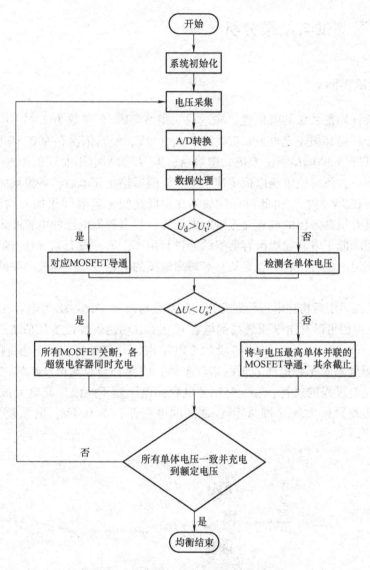

图 6-36  电压均衡主程序流程图

$T_{\text{AMP}}$、$T_{\text{C}}$、$T_{\text{COFF}}$分别为放大器延时时间、采样保持电容转换时间和温度系数,它们和最小采样时间 $T_{\text{ACQ}}$ 满足如下关系:

$$T_{\text{ACQ}} = T_{\text{AMP}} + T_{\text{C}} + T_{\text{COFF}} \tag{6-25}$$

根据经验值,可以计算一组电压值的最小采样时间约为 12μs。假设有 5 组串联单体参与采样,根据 5 次采样取平均值,单片机完成一次循环采样的时间为 300μs,满足系统的设计要求。

## 6.8 实验测试与结果分析

### 6.8.1 测试实例1

为了验证均衡系统的有效性，先选取三组 A、B、C 参数为 2.7V 100F 的超级电容器，分别将其预先充电至 0.7V、1.2V、1.7V，使其依次存在 0.5V 的电压差。串联后对其进行 300mA 恒流充电，电容 A、B、C 的端电压曲线如图 6-37a 所示。在充电过程中，各模块电压以恒定速率上升。随后停止充电后，各模块间的电压差仍依次维持在 1V 左右。由此可见，如果在串联超级电容器间未加入均衡系统时，一方面在具有最高电压的电容充至额定电压后，具有较低电压的电容尚未达到额定电压，从而降低了串联超级电容器组的能量利用率；另一方面如果具有最低电压的电容充至额定电压后，有可能导致具有最高电压的电容过充而导致串联储能系统的失效。

加入均衡系统后将充电过程划分为"两阶段均衡"。图6-37b 为电容 A、B、C 的充电曲线。由图可以看出电压最高的电容 $C$ 在 $t_{\mathrm{t}}$ 时刻达到预设电压值 $U_{\mathrm{t}} = 0.7U_{\mathrm{r}} = 0.7 \times 2.7\mathrm{V} = 1.89\mathrm{V}$ 之后，第一阶段的充电结束，开启第二阶段，控制算法将恒流源中的能量率先充到电压较低的串联单体，以弥补与较高电压单体之间的电压差。随着充电过程的进行，在 $t_{\mathrm{s}}$ 时刻各电容的电压趋于一致，充电完成时，电容之间的电压差异最大值（即 A 和 C 之间的电压差）为 0.1V，电压差异率 $\eta_0 = 0.1/2.7 = 3.7\%$。

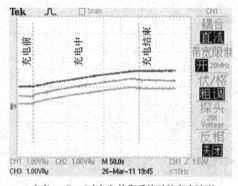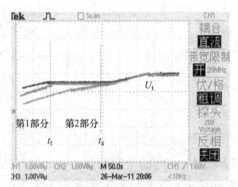

a) 电容A、B、C未加入均衡系统时的充电波形    b) 电容A、B、C加入均衡系统后的充电波形

图 6-37　加入均衡系统前后的各电容电压波形

### 6.8.2 测试实例2

为了在高压大电流范围内实现超级电容储能系统的电压均衡，均衡实验采用单

体模块电气参数为 9F，55V 的超级电容器组成 10 组串联储能系统。其具体的实物照片及均衡实验样机如图 6-38 所示。

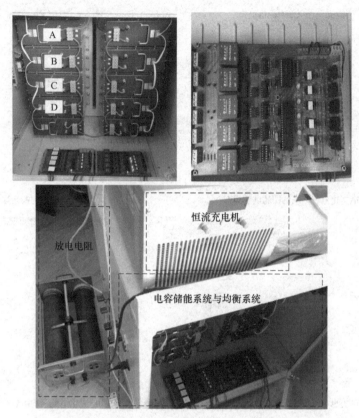

图 6-38 电容储能系统与电压均衡系统实物照片

在加入均衡系统之前，将储能系统在预设的 0～550V 电压区间进行 10A 恒流充电，并设定每组模块的理想终止电压为 $U_{ideal} = 550V/10 = 55V$。选取其中四组串联模块 A、B、C、D 进行分析，未加入均衡系统时的充电波形如图 6-39a 所示。如图可以看出在加入均衡系统前，各模块间的电压上升速度存在明显不一致的现象，其中模块 D 的电压上升速度高于其他模块，在充电完成时模块 D 的电压最高，为 59V；模块 A 的电压最低，为 52.5V，两者电压差为 6.5V，电压差异率 $\eta_1 = 6.5/55 \approx 11.8\%$。由此可见，在大电流充电条件下，由于各模块参数的不一致性，会在充电完成时引起模块间的电压不均衡，从而影响整个储能系统的效率和安全性。

进一步地，加入均衡系统后同样选取电容模块 A、B、C、D 进行监测与分析，各单体的充电电压波形如图 6-39b 所示。

按照均衡算法，当电压最高的模块 D 在 $t_1$ 时刻达到 $U_t = 0.7 \times 55V = 38.5V$ 时（选取每一模块的理想终止电压为 $U_r = 550V/10 = 55V$），开始第二段均衡。在 $t_s$ 时刻模块 A、B、C、D 的电压达到一致，各模块电压开始同步上升。充电结束时，模块 B 的电压最高，为 56.4V；模块 C 的电压最低，为 54.2V，模块间电压差最大为 2.2V，电压差异率 $\eta_2 = 2.2/55 \approx 4\%$，明显优于均衡前的电压差异率。

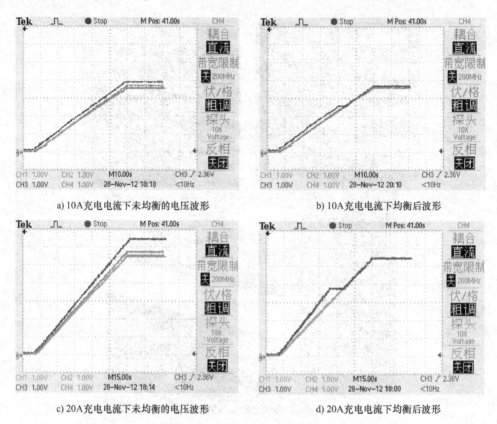

a) 10A充电电流下未均衡的电压波形  b) 10A充电电流下均衡后波形

c) 20A充电电流下未均衡的电压波形  d) 20A充电电流下均衡后波形

图 6-39　加入均衡系统前后串联模块在不同电流下的充电电压波形

在 20A 充电电流情况下，如图 6-39c 所示，模块 D 的电压上升速率明显高于其他三个模块。在充电完成时，模块 A、B、C、D 的电压分别为 54.2V、56.7V、57.8V、63.8V。此时模块间电压差最大为 9.6V，电压差异率 $\eta_3 = 17.5\%$。加入均衡系统后，如图 6-39d 所示，D 模块在 $t_t$ 达到预设转折电压 $U_t = 38.5V$ 时，停止对其充电。当在 $t_s$ 时刻各模块电压达到一致时，充电机对各模块充电。

在充电终止时，各模块的电压分别为 54.4V、56.4V、53.8V 和 54.2V，模块间电压差最大为 2.6V，电压差异率 $\eta_4 = 4.7\%$。说明在大电流充电的情况下，如果不加入均衡系统，有可能会使某一模块的电压在充电过程中超出额定电压，充电电流越大，超出的范围也越大，从而会使串联单体失效进而造成储能系统的损坏。在加入均衡系统后，能够保证各单体电压在额定范围之内，避免过度充电；同时也能保持各单体模块间的电压均衡，从而有效提高储能系统的效率。

# 第7章 超级电容器的健康管理

## 7.1 SOH 相关概念及理解

超级电容器组储能设备的运行性能，包含两个指标：能量指标和功率指标。作为近年来逐渐被关注的一种新功率型储能设备，超级电容器的能量密度高于传统电容器的能量密度，功率密度远大于燃料电池和蓄电池的功率密度，辅以高充放电效率、宽工作温度范围、长循环寿命等突出优点[61]，使得超级电容器非常适合高频次、大电流快速充放电系统。因此，超级电容器应用场景十分广泛，如作为平滑和缓冲不稳定电能需求，改善电能质量而应用于智能电网[62,63]；为电动汽车提供加速阶段的瞬时高功率[64,65]；在城市轨道交通中用于制动能量的回收与利用，从而提高电能的利用效率等。据 BBC Research 调查[67]，2009~2014 年间全世界范围内的超级电容器的市场持续增长，从 2010 年的 4.7 亿美元以 20.6% 的年均增长率持续增长至 2015 年。2015 年后因电动汽车在美国等国家大规模生产，导致超级电容器的产量和需求逐年成倍增长。

随着超级电容器储能技术的快速发展和大规模应用，其作为独立或者辅助储能系统的运行安全问题日益受到重视，超级电容器的安全性和可靠性密切相关，因此，可靠性成为超级电容器在上述大规模储能领域应用的先决条件与最关注的问题[68,69]。而超级电容器的剩余使用寿命（Remaining Useful Life，RUL）是影响超级电容器可靠性的重要参数。超级电容器的剩余使用寿命与其老化程度密切相关，老化程度越深，剩余使用寿命越短。老化程度是衡量超级电容器的剩余使用寿命的重要指标。因此，对于超级电容器的老化程度预测，便成为电力储能领域的研究热点。

超级电容器从生产出厂的那一刻起，会存在不同程度的老化问题，在随后的使用过程中，也会因使用方式的不同而造成不同程度的老化，导致超级电容器老化程度的影响因素较多；再加上超级电容器本身的高复杂度（内部的电化学性质复杂）以及用于搭建超级电容器老化模型的真实数据的稀缺，造成超级电容器在单体级别或者系统级别的建模难度较大，而且因为在不同的应用场合下对超级电容器的使用要求不同，导致人们对超级电容器的老化程度的定义也不同。所以需要参数来衡量超级电容器的老化程度，进而预测其剩余使用寿命。

超级电容器的健康状态（State of Health，SOH）是衡量超级电容器老化程度的重要参数。超级电容器的SOH来源于电池的SOH，其定义为在规定的环境条件下，将超级电容器按照厂商推荐的方式充满电后，按照一定的速率放电，计算超级电容器从放电开始到放电截止电压时放出的电量占其标称电量的百分比。SOH为100%时，意味着超级电容器的各项健康状态指标严格匹配于超级电容器的出厂指标，随着超级电容器工作时间的增加，超级电容器的SOH会逐渐减小。SOH低于100%时，不同的生产商对超级电容器SOH的定义以及SOH低于哪个阈值会导致超级电容器无法使用的标准也不同，通常由使用者根据自身需求限定。因此超级电容器使用者针对其SOH进行的准确估计可以准确衡量超级电容器的老化状态，进而预测其剩余使用寿命，判断其可靠性。不仅如此，对超级电容器SOH的准确估计不仅对电动车行驶里程预测和控制的提升有重要意义；还可以为超级电容器组均衡技术研发提供基础数据，因为超级电容器SOH能够反映其电压、内阻、容量等参数；根据超级电容器的SOH预测超级电容器剩余使用状况，用户或者厂家能够及时更换超级电容器。因此，对于超级电容器的SOH估计，成为一项研究热点。

超级电容器的SOH涉及早期失效与耗尽失效[70,71]，这里给出超级电容器耗尽失效，即因长时间工作而造成的超级电容器SOH退化问题，其失效过程如图7-1所示的"浴缸曲线"。

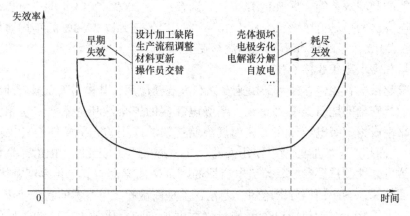

图7-1　超级电容器失效曲线

目前，对于超级电容器的SOH，常用等效串联电阻（ESR）或容量变化来进行表征。一般认为，ESR增大100%或者容量衰退20%，即达到寿命终止（End-of-life，EoL）。

（1）从容量角度定义SOH：

$$SOH = \frac{C_i}{C_0} \times 100\% \qquad (7-1)$$

式中 $C_0$——电池标称容量；

$C_i$——第 $i$ 次测得的放电容量。

其不仅能够反映电池的当前容量，更能有效地反映出随着电池的使用其容量所体现出的衰减情况。

（2）从 ESR 角度定义 SOH：

$$\text{SOH} = \frac{R_{\text{ESR}} - R}{R_{\text{ESR}} - R_{\text{new}}} \times 100\% \tag{7-2}$$

式中 $R_{\text{ESR}}$——超级电容器寿命终止时的等效串联电阻；

$R_{\text{new}}$——新超级电容器的等效串联电阻；

$R$——当前状态下超级电容器的等效串联电阻。

而超级电容器的容量与等效串联电阻的变化受到一系列因素的影响，最终导致超级电容器健康状态的下降，首先是内部因素：

## 1. 壳体损坏

超级电容器的老化源于其物理构造，如封闭壳体内存在的因水分解而产生的气体积聚使内部压力增大[72-74]，这在极端情况下会导致超级电容器壳体结构损坏。因壳体损坏而产生的老化可借助改进容器材质、增加减压装置等举措避免，但装有压阀的超级电容器在压阀打开后会导致等效容值的迅速下降与 ESR 的迅速增大，漏电流可能呈数量级上升，同时低沸点电解液在较高温度下也将加速挥发。虽然壳体非封闭并不引发元件立即失效，但仍必须替换该节电容以避免电解液析出。

## 2. 电极劣化

超级电容器性能衰减的主要原因是多孔活性炭电极的劣化[75,76]，其可由在特定频率范围内具有物理意义的模型进行说明。除电极随充放电过程产生不可逆的机械应力外，因炭表面氧化引起的活性炭部分结构的损坏，因乙腈聚合物等多种杂质在工作过程中沉积在电极表面而造成的炭孔堵塞，再加上电极出现的不对称劣化以及无序结构现象，引起了多孔炭电极的孔尺寸与表面积的大幅下降，进而导致超级电容器的等效容值的显著衰减。

## 3. 电解液的不可逆分解

电解液不可逆分解是超级电容器寿命老化的另一主要原因。除了电解液通过氧化还原反应生成 $CO_2$ 或 $H_2$ 等气体[77]导致容器内部压力的增加外，其分解产生的杂质还降低离子对孔的可达能力，造成活性炭电极表面劣化，进而导致 ESR 的上升和等效容值的下降。但是，电解液劣化特性非常复杂，老化过程产生杂质的数量一般难以确定。氟酸衍生物与聚合物等杂质通过电解液扩散到超级电容器各部件，从而导致超级电容器各部件受到影响，其中隔膜受影响最大：从白色变成深黄，甚至变为褐色，在阳极侧，这种现象更加明显。虽然杂质层厚度仅是纳米级，但其阻碍电极与电解液的电气连接，造成 ESR 上升。

4. 自放电现象

由超级电容器自放电现象产生的毫安级漏电流（代表通过电极的漏电荷）很大程度地降低了超级电容器的等效容值。该电流产生于被氧化的官能团，而官能团本身由电极表面电化学反应生成[78]，其也会加速元件老化。自放电现象源于因集流体与潮湿氧气接触，产生于阴阳两极的副反应，当超级电容器漏电流明显增加时，电极表面结构已经发生较大改变。

其次是外部因素：

1. 工作电压与环境温度

超级电容器内部的电解液离子浓度会随着氧化还原反应的进行而减小，进而引起超级电容器的最高工作电压的减小，会影响电流密度、温度等与超级电容器电解液稳定性有关的参数。工作电压和环境温度越高，氧化还原反应的速率越大，电解液浓度降低得越快，使得超级电容器等效容值降低的速率增大，部分电解液[79]如碳酸丙烯酯电解液存在额定电压每上升 0.1V 或工作温度每升 10 K 则使用周期减半的规律。低温时单体电压增加对老化的影响将远大于温度升高引发的老化作用，特别是当电压接近电解液分解电压时，老化会迅速加速。此外，高温会加速因电解液分解产生的产物阻塞隔膜，降低电极多孔可达性。同时，与方均根电流（$I_{rms}$）相关的稳定自发热温升[81]、单体温度差异也将影响超级电容器的老化。

2. 厂商生产因素

厂商选用材料、制造工艺[82]对寿命同样存在一定作用，这是因为用于黏结电极的聚合物含有大量官能团，且随氧化还原反应分解[83]，多孔电极制备又不可避免地将引入导致该反应发生的水的残留；另一方面造成电化学现象的活性炭电极表面杂质原子，其数量同样取决于电极制作过程。此外，即使厂商生产工艺一致，不同超级电容器封装甚至单体差异也致使健康状态明显不同。

当前，和蓄电池一样，超级电容器的 SOH 与失效特征作为研究的热点，已在中国、美国、欧洲、日本等国家和地区得到了深入而又广泛地研究。截至目前为止，蓄电池管理系统（Battery Management System，BMS）已经逐渐加入单体状态估算功能，但是超级电容器在相关方面的研究却十分匮乏。究其原因，首先超级电容器属于新兴储能元件，应用范围和规模相对有限，因此老化与可靠性实验数据相对比较稀少，所以很难准确预测它的健康状态；二是制约超级电容器发展的瓶颈主要是能量密度小和单体电压低，因此现阶段重点的研究方向是通过改善电极和电解液材料的性能提高单体电压和储能密度；三是厂商声称超级电容器单体循环使用寿命可以达到 50 万次[84]，远大于蓄电池数千次的循环寿命，使用过程中无须维护，漫长的实验时间使得人们对其老化特征和健康状态的深入研究望而却步。

超级电容器单体电压和能量密度较低，应用在大规模储能系统中需要大量单体串并联组合工作，但是超级电容器存在单体参数不一致的问题，这将带来模块内部温度分布不均以及单体之间充电电压不均衡等问题，上述一系列问题共同作用于超级电容器的老化过程，增加了超级电容器老化过程的复杂性。因此，往往经过一段时间的使用，超级电容器的性能就已经开始明显下降，与厂商手册给出的循环使用寿命数据差别较大；此外，随着超级电容器应用场景的日益复杂化，一般情况下超级电容器又在厂商所规定限值的边界、甚至超过额定工作区间运行，综上所述，实际使用中超级电容器的循环寿命远小于厂商手册的给定值。因此，研究超级电容器的老化特征，预测其参数老化趋势以及估算它的健康状态，将成为超级电容器应用技术的研究重点之一。

随着超级电容器应用范围的日益广泛，其应用场景也逐渐多样化和复杂化，尤其是当超级电容器以模块成组的形式作为复杂电子系统的电源或者辅助电源系统的时候，其自身的 SOH 将直接影响着整个系统的可靠性和安全性。超级电容器的等效电容值和等效串联电阻值的老化状况是其 SOH 的直接体现。因此，通过预测超级电容器电容值和等效串联电阻值的老化趋势，评估超级电容器模块的 SOH，为系统运行提供决策性参考和预测性维护信息，对于提高系统的可靠性和稳定性，延长系统的使用寿命有着非常重要的意义。

## 7.2 基于模型的预测方法

### 7.2.1 等效电路模型

根据 7.1 节可以得知，超级电容器在使用过程中会出现老化现象，这会减少超级电容器的使用寿命。表 7-1 测出的数据均是 BCAP0350 型号的超级电容器的实际工作寿命。以表 7-1 的数据为例，分析超级电容器工作在不同温度和电压下的使用寿命，可以发现，当超级电容的工作温度超过常温 25℃，使用电压超过 2.1V，在一定的区间内，随着电压及使用温度的升高，超级电容的剩余使用寿命会呈现衰减的趋势。在超级电容额定工作范围内，温度越接近于电解液的沸点温度，电压越接近电解质的分解电压，其剩余使用寿命越短。当环境温度和使用电压超出额定工作区间，超级电容器会因为内部压力的积聚而损坏。

在掌握超级电容器的使用寿命在不同温度和电压下的变化趋势后，可以建立基于超级电容器组的储能系统的 SOH 预测模型。在模型中，通过不断地调整外界的电压和温度，可以得到电容器的多个使用寿命的值。

表 7-1　不同温度和电压下超级电容器的使用寿命　　　　（单位：h）

| 电压/V | 温度/℃ | | | |
|---|---|---|---|---|
| | 25 | 40 | 50 | 65 |
| 2.1 | 250000 | 250000 | 160000 | 48000 |
| 2.2 | 250000 | 240000 | 80000 | 24000 |
| 2.3 | 250000 | 120000 | 40000 | 12000 |
| 2.4 | 200000 | 60000 | 20000 | 6000 |
| 2.5 | 100000 | 30000 | 10000 | 3000 |

　　因此，基于超级电容器组储能系统的广泛应用以及超级电容器自身的老化现象，预测超级电容器储能系统的使用寿命，从而在储能系统衰老之前完成修复或替换，便成为一项研究热点。而预测超级电容器组储能系统的使用寿命，除了 7.1 节阐述的 SOH，还需要另一个关键指标：荷电状态（State of Charge，SOC）。通过建立超级电容器的 SOH 预测模型和 SOC 预测模型，得到 SOH 状态曲线和 SOC 状态曲线，可以有效预测超级电容器组储能系统的使用寿命。因此，本章将会对超级电容器组储能系统的 SOH 和 SOC 进行估计。因为储能系统的运行环境不是理想环境，而是包含有不同电压、不同温度、不同压力等因素下的多变量、多耦合环境，而电极板材料的性能、外电压、温度、压力等因素，均会影响到双电层电容器储能系统的使用寿命。因此，需要结合尽可能多的环境因素进行预测，让超级电容器组的 SOH 估计和 SOC 估计更加准确。

　　相对于蓄电池等现阶段主流的储能元器件，超级电容器具有循环使用寿命长的优点，但是也存在能量密度小和单体电压较低的问题。因此，现阶段国内外对其研究的重点，主要是通过制备具有更好特性的电极材料和电解液材料，而不是通过延长超级电容器的使用寿命来实现超级电容器储能技术研究的突破，导致国内外针对超级电容器健康状态和寿命状态研究的文献的数量较少。因此，本书在对超级电容器进行 SOH 估计和 SOC 估计的过程中，部分借鉴了蓄电池老化预测的研究方法。

　　根据超级电容器的电气性能或者储能原理建立等效电路模型和退化机理模型，是研究超级电容器老化特征的有效手段。

　　根据超级电容器的理想模型，结合超级电容器的储能原理，可以得到超级电容器单体的等效一阶线性模型，如图 7-2 所示。

　　图 7-2 中，$C_0$ 为超级电容器单体的等效电容，与超级电容器的内部材料的质量有关，刚出厂时等效电容的数值一般会标记在超级电容器的表面；$R_{p0}$ 为等效并联电阻，等效并联电阻的阻值的大小决定超级电容器自放电电流的大小，$R_{p0}$ 越大，超级电容器的自放电效应越弱，自放电电流越小；$R_{s0}$ 为等效串联电阻，代表电容器本身内阻的大小，与极板材料、电容器结构等因素有关，$R_{s0}$

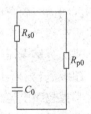

图 7-2　超级电容器单体
的等效一阶线性模型

越小，超级电容器单体的内部损耗越小，超级电容器单体的充电时间越短。

因为超级电容器单体的标称端电压的和储存的电荷量远低于工程要求，特别是大型工程的要求。为了满足电压等级和储存容量的要求，可以将多个超级电容器单体通过串联和并联的方式组成超级电容器组，达到增大端电压和提升储存容量的目的。

假设将 $m \times n$ 个超级电容器单体组合成超级电容器组，那么这个 $m \times n$ 超级电容器组有两种连接方式，分别如下所示：

1）将 $m$ 个超级电容器单体串联成子模块，再由 $n$ 个子模块并联成组，如图7-3a所示。

2）将 $n$ 个超级电容器单体并联组成子模块，再由 $m$ 个子模块串联成组，如图7-3b所示。

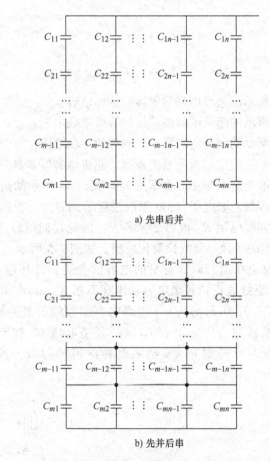

a) 先串后并

b) 先并后串

图7-3　$m \times n$ 超级电容器组的两种连接方式

$m \times n$ 超级电容器组的等效电路模型主要有 3 种：等效一阶线性模型、等效一阶非线性模型和等效二阶非线性模型。以图7-3a为例，假设 $m \times n$ 超级电容器组的

串联支路数为 $m$，并联支路数为 $n$，那么等效一阶线性模型、等效一阶非线性模型和等效二阶非线性模型分别如图 7-4、图 7-6 和图 7-7 所示。

图 7-4 所示为超级电容器组的等效一阶线性模型。

图 7-4 $m \times n$ 超级电容器组的等效一阶线性模型

图 7-4 中，$C_1$ 为等效电容；$R_{s1}$ 为 $m \times n$ 超级电容器组的等效串联电阻，$R_{s1}$ 越小，$m \times n$ 超级电容器组的内部损耗越小，充电时间越短；$R_{p1}$ 为 $m \times n$ 超级电容器组的等效并联电阻，即漏电阻，其值决定 $m \times n$ 超级电容器组的自放电电流的值。

等效电容 $C_1$、等效串联电阻 $R_{s1}$ 和等效并联电阻 $R_{p1}$ 的数学模型分别为

$$\begin{cases} C_1 = \dfrac{n}{m} C_0 \\[2mm] R_{s1} = \dfrac{m}{n} R_{s0} \\[2mm] R_{p1} = \dfrac{m}{n} R_{p0} \end{cases} \tag{7-3}$$

式中　$C_0$——图 7-2 所示的超级电容器单体的标称电容；

$R_{s0}$——图 7-2 所示的超级电容器单体的等效串联电阻；

$R_{p0}$——图 7-2 所示的超级电容器单体的等效并联电阻。

随着生产工艺水平和使用材料质量的提高，超级电容器本身的自放电现象得到较好的抑制，自放电电流越来越小。根据图 7-3 和图 7-4 所示的模型，我们可以认为超级电容器单体的等效并联电阻 $R_{p0}$ 的阻值趋近于无穷大，根据式(7-3)，$m \times n$ 超级电容器组的等效并联电阻 $R_{p1}$ 也趋于无穷大，因此我们可以忽略 $R_{p1}$，进而得到 $m \times n$ 超级电容器组的等效一阶线性简化模型，如图 7-5 所示。

$m \times n$ 超级电容器组在运行时，自身的电容值会受到外加电压的影响，不再符合标称电容。为了更好地模拟超级电容器组在不断变化的外部电压的作用下的工作状态，我们将图 7-3a 所示的 $m \times n$ 超级电容器组的等效一阶线性简化模型中的等效电容 $C_1$ 替换成包含固定电容 $C_2$ 与受开路电压 $U_{oc}$ 控制的电容 $C_3$ 在内的等效并联电容集合，可得到 $m \times n$ 超级电容器组的等效一阶非线性简化模型，如图 7-6 所示。

图 7-5　$m \times n$ 超级电容器组的等效一阶线性简化模型

图 7-6　$m \times n$ 超级电容器组的等效一阶非线性简化模型

其中，等效并联电容集合满足公式

$$\begin{cases} C_1 = C_2 + C_3 \\ C_3 = g(U) \end{cases} \tag{7-4}$$

一阶非线性简化模型模拟了双电层电容器在外部电压变化下的等效模型。然而在多次的充放电过程中，充放电频率也是影响电容器状态的重要因素，充放电的频率越快，超级电容器内部元件老化的速度越快，超级电容器的内阻越大。考虑到充放电频率对 $m \times n$ 超级电容器组的影响，我们在压控电容 $C_3$ 所在的支路上串联电阻 $R_{s2}$，可以得到 $m \times n$ 超级电容器组的等效二阶非线性简化模型，如图7-7所示。

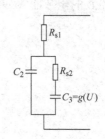

图7-7 $m \times n$ 超级电容器组的等效二阶非线性简化模型

综上所述，我们以 $m \times n$ 超级电容器组为例，列举出了包含理想状态下的超级电容器组储能系统的等效一阶线性模型、忽略自放电电流现象的等效一阶线性简化模型、等效一阶非线性简化模型和等效二阶非线性简化模型在内的3种4个数学模型，为下一步超级电容器的退化机理模型的建立奠定基础。

## 7.2.2 退化机理模型

在得到超级电容器组的数学模型后，开始研究超级电容器组 SOH 的影响因素并建立超级电容器的退化机理模型。以超级电容器单体为例，研究超级电容器的退化机理模型。

对超级电容器施加外电压 $U_{oc}$，可以得到超级电容器单体在外加电压 $U_{oc}$ 的作用下工作时的运行模型，如图7-8所示。

图7-8中，$R_{es}$ 为超级电容器的串联电阻；$I_1$ 为流经串联电阻 $R_{ep}$ 的电流；$R_{es}$ 为超级电容器的并联电阻；$I_2$ 为流经并联电阻 $R_{ep}$ 的电流；$C$ 为超级电容器的等效电容；$U_{oc}$ 为超级电容器外部的开路电压；$U$ 是标称电容 $C$ 两端的电压。

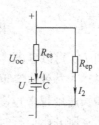

图7-8 在外加电压工作下的超级电容器运行模型

超级电容器在持续工作的过程中，基于外界电压、温度、湿度等因素的影响，氧化还原反应、催化反应对由碳元素、磷元素等材料组成的电极板的损伤以及电解液在不间断的电离过程中产生杂质等多种原因，超级电容器的内部结构发生老化。超级电容器在运行过程中产生的老化现象，会损坏超级电容器的电极板、外壳等材料，使得电极板和电解液之间的电荷传递速率下降，内阻增加，储能水平降低。因此，超级电容器的老化现象具有两个最显著的特征：超级电容器串联内阻 $R_s$ 的增大和超级电容器等效电容 $C$ 的减小。

假设超级电容器的运行时间为 $T$，那么串联内阻 $R_s$ 随超级电容器工作时间 $T$ 变化的函数关系可以表示为

$$R_s = R(T) \qquad\qquad (7\text{-}5)$$

等效电容 $C$ 随超级电容器工作时间 $T$ 变化的函数关系可以表示为

$$C = C(T) \qquad\qquad (7\text{-}6)$$

$R_s$ 和 $C$ 的函数曲线如图 7-9 所示。

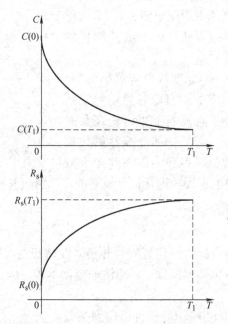

图 7-9　串联电阻和等效电容的函数曲线

由图 7-9 可以看出，在超级电容器刚开始运行时，超级电容器的串联电阻的阻值增长最快，等效电容下降最快，随着工作时间的增加，超级电容器的串联电阻的阻值的增长速度越来越慢，等效电容容值的下降速度越来越慢。由此可以得出，超级电容器在刚开始运行时，老化速度最快，随着运行时间的增加，超级电容器的老化速率越来越慢。

根据 7.1 节中关于 SOH 的定义，可以得到 SOH 的表达式

$$\text{SOH} = \frac{Q_{\text{remain}}}{Q_{\text{rated}}} \qquad\qquad (7\text{-}7)$$

式中　$Q_{\text{remain}}$——超级电容器在工作一段时间或者被搁置一段时间之后能容纳的最大电荷量；

$Q_{\text{rated}}$——超级电容器初始状态下的额定容量。

结合图 7-9 和式 (7-7)，可以得到 SOH 和超级电容器的等效电容之间的关系

$$SOH = \frac{UC_{remain}}{U_{rated}C_{rated}} = \frac{(U_{oc} - I_1 R_s)C_{remain}}{U_{rated}C_{rated}} \tag{7-8}$$

式中 $C_{remain}$——超级电容器在工作一段时间或者被搁置一段时间之后的等效电容；

$C_{rated}$——超级电容器初始状态下的额定电容；

$U_{oc}$——超级电容器单体外部两端的端电压；

$U_{rated}$——超级电容器初始状态下的额定电压。

当 SOH = 100% 时，可以认为超级电容器处于初始状态，而在 SOH ≤ 20% 时，可以认定超级电容器已经不能正常运行，需要被更换。

接着引入7.2.1节中提到的"荷电状态（State of Charge，SOC）"，其定义：工作一段时间或者被搁置一段时间之后，超级电容器剩余的可放电的电荷量与超级电容器在这个状态下能容纳的最大电荷量的比值。通过定义，可以得到 SOC 的表达式

$$SOC = \frac{Q_c}{Q_{remain}} \tag{7-9}$$

式中 $Q_c$——超级电容器在工作一段时间或者被搁置一段时间之后，在一次放电过程结束后剩余的电荷量，此电荷量和外部电路工作的设备功率相关，可以被检测到；

$Q_{remain}$——超级电容器在工作一段时间或者被搁置一段时间之后能容纳的最大电荷量。

当 SOC = 100% 时，可以认为超级电容器处于满负荷状态，不需要充电，而当 SOC = 0% 时，可以认定超级电容器已经不能继续放电，需要对超级电容器进行充电。

根据图 7-8、式(7-8) 和式(7-9)，可以得到超级电容器的 SOC 和 SOH 之间的关系式

$$SOC = \frac{Q_c}{Q_{remain}} = \frac{Q_c}{Q_{rated}(SOH)} = \frac{Q_c}{U_{rated}C_{rated}(SOH)} \tag{7-10}$$

根据式(7-7)～式(7-10)，我们可以认为，超级电容器的 SOC 和 SOH 存在函数关系，SOH 的大小会影响到 SOC 的大小。在剩余电量相同的情况下，超级电容器的老化程度越快，超级电容器的 SOH 越小，超级电容器的 SOC 越大，超级电容器的充电电荷量越少。换言之，超级电容器老化程度越深，超级电容器充电越困难。

综上所述，以数学模型为基础，模拟的超级电容器退化原理已经阐述完毕。接下来将讨论超级电容器的退化原理模型。

在工程中，超级电容器的老化过程，有两种表现形式：循环老化和日历老化。

循环老化是指超级电容器在不断地充电和放电过程中出现的老化现象；日历老化是指超级电容器在非工作状态下，因为时间的推移而出现的老化现象。循环老化的测试过程中的充放电倍率以及温度等因素是固定的。

目前国内外研究者已经建立的用于超级电容器参数老化趋势识别和预测的模型主要包括：基于故障机理模型，超级电容器梯形等效电路模型，基于 Arrhenius 方程的超级电容器老化模型，基于 Weibull 失效统计理论函数的超级电容器老化模型，以及基于大量实验数据统计得出的超级电容器老化规律等。

法国里昂大学学者 R. German 在日历老化和循环老化之外，提出了超级电容器存在的第三种老化现象——浮动老化（Floating Ageing），并且使用"老化法则（Ageing Law）"将老化动力学与电极表面和电解质之间的界面层的生长联系起来，建立了称为"固体电极界面（Solid Electrode Interface，SEI）"的层[85]。为了检测 SEI 的效果，对来自 3 个不同制造商的 81 个商用超级电容器在不同电压和温度的环境下的超级电容器进行浮动老化测试。R. German 所采用的超级电容器组件均采用应用领域最广泛的超级电容器制造技术制造（使用活性炭作为电极，使用乙腈作为电解液）。实现了超级电容器实验老化结果和 SEI 老化规律的拟合。然后，进行温度和电压对 SEI 老化定律参数的影响。

R. German 认为，超级电容器的浮动老化和传统的循环老化完全相反，这意味着在浮动老化中断后，再生效应（电容增加和串联电阻的降低）可以忽略不计。这表明诸如固体层等永久结构的产生是超级电容器的等效电容的容值降低的主要原因；而对于因为诸如气体吸附等原因而造成的电容容值降低，可以忽略不计，因为气体吸附等原因会导致可逆老化（因为表面上的气体吸附，主要是物理吸附是可逆的）。在浮动期间，电荷沿孔长度均匀分布，导致 SEI 层的形成和稳定。超级电容器的孔表示圆柱形，它们的长度被认为比它们的直径更重要。

界面层厚度（$\Delta Z$）的增长通常由与时间（$t$）的二次方根成比例的公式表示。

$$\Delta Z(t) = A_z \sqrt{t} \tag{7-11}$$

SEI 模型在描述电池老化方面是众所周知的，但很少用于超级电容器。图 7-10 显示了 SEI 在孔隙度中的生长。

电极表面的损失 [$\Delta S(t)$] 与 SEI 的增长成比例。二者之间的关系式为

$$\Delta S(t) = -2\pi l_{pore} A_z \sqrt{t} \tag{7-12}$$

式中  $l_{pore}$——孔的长度。

$d$ 在图 7-10 中为 SEI 的厚度（这意味着相反的符号电荷之间的距离被认为是恒定的）。这假设 SEI 层在 SC 界面条件下在电场梯度方面是导电的。SEI 层的厚度比我们正在研究的技术中通常为纳米尺度的孔的直径更差。考虑到每个电极存在 2.7V 电位损耗的一半，施加到 SEI 的电场数量级为 10V/m。在这种情况下，很少有物质不导电。因此，SEI 可以使电荷靠近与电解质的界面。然后超级电容器的容值损失与超级电容器的运行时间的二次方根成比例。表达式为

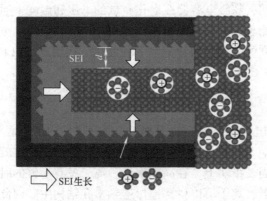

图 7-10  超级电容器孔中的 SEI 生长[85]

$$\Delta C_{100\text{mHz}}(t) = \frac{\Delta S(t)}{d} \cdot \varepsilon = A_c \sqrt{t} \tag{7-13}$$

R. German 测试了 36 个商用 3000F（即总量为 108000F）的超级电容器。所有经过测试的超级电容器在技术上都是等效的，证明 36 个超级电容器采用相同的电极和电解质技术制造。根据目前制造超级电容器最常见的技术，超级电容器的电解液应为乙腈和 $Et_4NBF_4$，电极板是活性炭材料。

表 7-2 列出了要测试的超级电容器的性能范围。

**表 7-2  不同厂家乙腈/活性炭商用 3000F 超级电容器的电气特性**

| 电　　极 | 活性炭 |
|---|---|
| 电解液 | 乙腈/$Et_4NBF_4$ |
| 额定电容/F | 3000 |
| 等效串联电阻/mΩ | $0.20 < ESR$ 均 $< 0.29$ |
| 最大额定电压 $U_{SC}$/V | $2.7 < U_{SC} < 2.8$ |
| 1s 限制脉冲电流 $I_{SC}$/A | 约 2000 |
| 最高工作温度 $T_{SC}$/℃ | $60 < T_{SC} < 65$ |
| 单体重量 $M_{SC}$/g | $510 < M_{SC} < 650$ |
| 单体能量 $W_{SCM}$/(W·h/kg) | $5 < W_{SCM} < 6$ |

表 7-3 列出了每个制造商的每个加速老化测试的测试元素的重新分配。应用了在不同温度和电压下的 12 种不同的参数组合，每种均有 3 个超级电容器单体。

**表 7-3  每个制造商和每个约束级别的测试元素数量**

| 电压 | 40℃ | 50℃ | 60℃ |
|---|---|---|---|
| 2.3V | 3 | 3 | 3 |
| 2.5V | 3 | 3 | 3 |
| 2.7V | 3 | 3 | 3 |
| 2.8V | 3 | 3 | 3 |

在浮动老化期间，超级电容器在老化测试的电压和温度下通过阻抗谱周期性的表征。阻抗谱包括测量一系列不同频率的超级电容器的阻抗。图 7-11 显示了超级电容器的容值在不同的光谱仪信号频率下的变化。运用式(7-14) 计算每个频率的电容。

$$C(\omega) = \frac{-1}{\omega \mathrm{Im}[Z_{SC}(\omega)]} \tag{7-14}$$

在低频（LF）区域中，电容几乎恒定，在高频（HF）区域中，电容急剧减小。孔隙度通常为纳米尺寸并影响毛孔中的大量离子渗透。这就是超级电容器的电容与频率有关的原因。事实上，在高频率下，离子没有足够的时间存储在整个孔隙中。随着频率的降低，离子可以更深地渗透到多孔结构中。因此，存储表面随着频率的降低而增加。

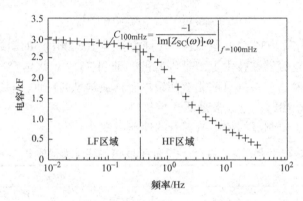

图 7-11　超级电容器的电容与频率的演变

根据前面的分析，可以确认温度和电压加速对老化的影响。事实上，温度和电压越高，电容减少越快。无论是什么约束水平，基于 SEI 的老化定律［参见式(7-10)］都非常适合实验结果。如果仔细观察结果，可以注意到测试结束时的电容在 70% ~ 90%。这意味着所代表的老化从中等（电容的前 10% 对应于第一个老化阶段）到非常先进（制造商建议在电容损失高于 20% 后更换超级电容器）。因此，R. German 认为，基于 SEI 的老化定律能够描述超级电容器对于各种退化状态的老化估计。

综上所述，R. German 认为，超级电容器的浮动老化是由电极表面上存在的官能团引起的，这些官能团在超级电容器标称温度和电压条件下具有高反应性，反应产物呈现气态或固态。它们阻塞多孔活性炭的炭孔，再加上表面电极界面（SEI）的固体层的不断积累，导致超级电容器的电容随着工作时间的增加而减小。因为在恒定电压和温度下的浮动老化是不可逆的，因此超级电容器在浮动老化的情况下会出现电容值的持续下降。

在浮动老化的情况下，电容损耗表示为与时间的二次方根成比例的函数。此函数已经普遍应用于锂离子电池的老化，但用于超级电容器老化的案例较少。因此R. German 决定对来自 3 个不同制造商的 36 个商业超级电容器进行测试，这些制造商具有不同的约束水平（电压和温度），以便对超级电容器的基于 SEI 的老化法的相关性有全面和准确的看法。

根据测试结果，R. German 认为，基于 SEI 的法则特别适合于在任何健康状态下模拟电容损失随时间的变化。老化定律的 $A_C$ 参数具有约束水平的单调变化（温度和电压越高，$A_C$ 越高）。因此，$A_C$ 参数是描述 SEI 增长速度的良好参数，而且 $A_C$ 参数与温度和电压之间呈现指数型相关性，因此可以通过 $A_C$ 参数与温度和电压之间的关系来估计不同电压和温度下超级电容器电容的演变。

### 7.2.3　应用实例

1. 超级电容器粒子滤波在温度和电压老化条件下的预测

预测模型应适当考虑操作条件对降解过程和用于监测的信号测量的影响。充分考虑到操作条件这一因素，意大利科学家 Marco Rigamonti 开发了一种基于粒子滤波（Particle Filter, PF）的预测模型，用于估算电动汽车驱动器中使用的铝电解电容器的 RUL[86]，其运行的特点是连续变化的条件。通常通过观察超级电容器的 ESR 来监测电容器劣化过程，该过程显著地取决于元件的温度。但是，ESR 测量受到进行测量的温度的影响，该温度根据操作条件而变化。为了解决这个问题，参考文献［86］引入了一种独立于测量温度的新型降解指示器。然后，这种指示器可用于预测电容器退化及其 RUL，并开发了一种粒子滤波器预测模型，其性能在模拟和实验降解测试中收集的数据上得到验证。

Marco Rigamonti 认为，考虑基于模型的预测方法，其使用设备退化过程的数学表示来预测设备 RUL。在基于模型的预测中，可以区分两种不同的情况：

1）操作条件对降解过程和测量信号的影响是已知的，并已经在数学模型中表示。

2）效果尚不完全清楚，没有可用的运行条件影响的数学模型。

在第一种情况下，可以直接使用基于模型的传统预测方法，例如基于贝叶斯过滤器的方法；而对于第二种情况，需要适当定制的后续预测方法。Marco Rigamonti 根据第二种情况建立预测模型来预测安装在全电动汽车（Fully Electric Vehicles, FEV）中的铝电解电容器的 RUL，这种超级电容器用于给 FEV 中的电动机逆变器提供电压，在电子工业中也起到非常关键的作用。

Marco Rigamonti 认为，超级电容器的故障次数几乎占电气系统故障总次数的30%，因此，为超级电容器开发预测性维护方法至关重要。在发生突发性故障的情况下，电容器由于短路或开路而完全突然失去其功能；而在日常工作中，超级电容器会因为逐渐老化而导致其功能逐渐丧失。后一种老化机理的主要原因是超级电容器中电解质的蒸发，这是超级电容器中最常见的现象。这种老化过程受超级电容器工作条件的强烈影响，如电压、电流、频率和工作温度。对于安装在FEV中的电容器，由于季节、地理区域和驾驶风格等外部因素，这些条件会不断变化。特别是，初级电容器所经历的温度取决于所施加的负载和外部温度，对降解过程中超级电容器的演变具有显著影响：温度越高，蒸发速率越快；此外，超级电容器会伴随电压和频率的变化而变化。后者影响超级电容器内部的氧化物电介质：频率越高，由于偶极子的对准（极化）和流动引起的能量损失引起的退化越快。在恒定温度和负载下工作的超级电容器的直接老化指标是超级电容器的ESR，即7.1节中提到的超级电容器内部等效串联电阻。Marco Rigamonti认为，ESR与超级电容器自加热直接相关，因此可以指示电容器的老化状态。当超级电容器的ESR超过其初始值的两倍时，超级电容器即被认为无法工作，即无法正常完成其功能。

Marco Rigamonti建立预测模型的目的是提供一种可以预测在可变工作条件下工作的电容器的RUL的方法，特别是考虑在FEV上工作的电容器在不同温度下所产生的影响。该方法还能够估计RUL预测的影响因素。Marco Rigamonti所提出的预测方法的两个主要新颖之处在于：

1）建立了一种基于预测在不同温度下工作的超级电容器的新型老化指示器；

2）用于估计RUL影响因素的粒子滤波方法在超级电容器的实现和应用。

模型所要预测的超级电容器的老化指标是在工作一段时间后的超级电容器上测量的ESR与在相同温度下在新的超级电容器上预测的ESR之间的比率。由于该预测模型不受测量温度影响，因此可用于在可变操作条件下工作的超级电容器。Marco Rigamonti通过模型进行实验，以研究超级电容器中ESR、温度和测量频率之间的关系，并通过顺序贝叶斯方法来估计超级电容器的老化。采用贝叶斯方法来解释影响的不确定性，有以下三种：

1）ESR和温度测量过程；

2）退化模型可能的不准确性；

3）退化过程的随机性。

由于存在非加性噪声项，导致经典卡尔曼滤波器方法无法应用于此模型，因此Marco Rigamonti采用PF的方法。通过PF方法估计了组件退化状态概率分布，蒙特卡罗（Monte Carlo，MC）模型可以被用于预测超级电容器组件退化路径及其RUL。

MC模型允许适当地考虑当前退化状态估计的不确定性以及操作条件的未来演变的不确定性。所提出的预测方法的性能已经可以用于以下两种模拟：

1）电容器退化过程的数值模拟；

2）在实验室加速寿命测试中收集的降解数据进行了验证。

考虑到模型的老化趋势，假设超级电容器老化状态的指标为$x$，即其行为代表退化演变的物理或抽象参数是可用的参数 $x$，当老化指标 $x$ 超过设定的阈值时，超级电容器被认为已经无法正常工作，需要被更换。假设退化过程的基于物理的模型是已知存在，并且可以用一阶马尔可夫过程的形式表达。

$$x_t = g(x_{t-1}, \gamma_{t-1}) \tag{7-15}$$

式中　$g(x_{t-1}, \gamma_{t-1})$——时间 $t-1$ 时的非线性递归函数；

　　　　$x_t$——时间 $t$ 时的设备老化状态指标；

　　　　$\gamma_t$——用于捕获老化过程中随机性和模型不准确性的过程噪声。

建立一个观察方程，用于描述数学模型 $z_t$ 在时间 $t$ 的变化下的函数关系。由传感器测量的可观察的过程参数和同时进行的设备老化状态的参数 $x_t$ 是已知的，可以用如式(7-16)表达

$$z_t = h(x_t, \sigma_t) \tag{7-16}$$

式中　$h(x,\sigma)$——非线性函数；

　　　　$\sigma_t$——时间 $t$ 的测量误差的随机噪声。

基于 PF 的预测方法依赖于以下三个步骤：

1) 通过式(7-11)和式(7-12)，初步估计当前超级电容器老化状态；

2) 从模型运行开始，持续测量 $z_{1:t}$，并通过在步骤1)得到的老化结果和式(7-11)的后验概率密度函数（Probability Density Function，PDF）来进一步估计超级电容器的老化程度，得到的结果即为超级电容器已无法正常工作的老化指标；

3) 根据在步骤2)中得到的输出量，进行设备故障阈值的 RUL 预测。

Marco Rigamonti 认为，超级电容器的老化主要由超级电容器组件内部的化学反应引起，这种化学反应导致超级电容器的电解质溶液的蒸发。ESR 是工作过程中的超级电容器的重要的老化指标，从物理角度来看，ESR 可以被认为是构成电容器的材料的固有电阻的总和。

超级电容器在恒定温度 $T^{ag}$ 下的 ESR 随时间 $t$ 的老化程度，可由式(7-17)给出

$$\mathrm{ESR}_t(T^{ag}) = \mathrm{ESR}_0(T^{ag})\, e^{C(T^{ag})t} \tag{7-17}$$

式中　$\mathrm{ESR}_0(T^{ag})$——电容器在温度 $T^{ag}$ 下的初始 ESR 值；

　　　　$e$——常数，$e=2.718$；

　　　　$C(T^{ag})$——温度系数，决定电容器的老化程度并受环境温度的影响。

采用阿伦尼乌斯定律，温度系数 $C(T^{ag})$ 可以由式(7-18)给出：

$$C(T^{ag}) = \frac{\ln 2}{\mathrm{Life}_{nom} \cdot \exp\left[\dfrac{E_a}{k}\dfrac{T_{nom}-T^{ag}}{T_{nom}T^{ag}}\right]} \tag{7-18}$$

式中　$E_a$——电解质的活化能特征；

　　　　$k$——玻尔兹曼常数；

　　　　$T_{nom}$——恒定标称温度；

Life$_{nom}$——在恒定标称温度下老化的电容器的标称寿命。

可以建立用于定义式(7-17)和式(7-18)的宏观物理模型。通过应用式(7-17)，可以获得在恒定温度下操作的超级电容器的剩余使用寿命 RUL，因此，温度 $T^{ag}$ 和 ESR$_t(T^{ag})$ 与当前时间 $t$ 的关系可以通过式(7-19)得到

$$\mathrm{RUL}_t = t_{\mathrm{fail}} - t = \frac{1}{C(T^{ag})}\left[\ln\left(\frac{\mathrm{ESR}_{\mathrm{th}}(T^{ag})}{\mathrm{ESR}_t(T^{ag})}\right)\right] \tag{7-19}$$

式中　$t_{\mathrm{fail}}$——失效时间；

ESR$_{\mathrm{th}}$——超级电容器无法工作时的 ESR 值，大小是其初始值 ESR$_0$ 的两倍；

ESR$_t$——正常工作的以时间为变量的等效串联电阻。

值得注意的是，模型式(7-19)不能应用于在可变温度下工作的超级电容器，因为测量不同温度 $T^{\mathrm{ESR}}$ 下的同一个超级电容器的 ESR，可以获得不同的 ESR$(T^{\mathrm{ESR}})$ 值。

通过研究在初始状态工作的超级电容器中 ESR 与测量温度 $T^{\mathrm{ESR}}$ 的关系，Marco Rigamonti 提出了以下模型：

$$\mathrm{ESR}_0(T^{\mathrm{ESR}}) = \alpha + \beta e^{-\frac{T^{\mathrm{ESR}}}{\gamma}} \tag{7-20}$$

式中　$\alpha$，$\beta$ 和 $\gamma$——常数。表示超级电容器的参数特征，可以通过查找出厂数据得到。

但是，此模型不适用于已经出现老化现象的超级电容器，因此，通过式(7-20)测量的 ESR 与超级电容器在参考温度下的 ESR 预测之间不存在相关性，不适用于在可变温度下工作的超级电容器的老化监测。为了解决这个问题，Marco Rigamonti 将降温指标 ESR$_t^{\mathrm{norm}}$ 独立于其他 ESR 老化指标，并在温度 $T^{\mathrm{ESR}}$ 下得到温度指标 ESR$_t^{\mathrm{norm}}$，如式(7-21)所示与其的比值：

$$\mathrm{ESR}_t^{\mathrm{norm}} = \mathrm{ESR}_t(T^{\mathrm{ESR}})/\mathrm{ESR}_0(T^{\mathrm{ESR}}) \tag{7-21}$$

式中　$\mathrm{ESR}_0(T^{\mathrm{ESR}})$——温度 $T^{\mathrm{ESR}}$ 下的预期初始 ESR 值，可以通过式(7-20)获得；

$\mathrm{ESR}_t(T^{\mathrm{ESR}})$——温度 $T^{\mathrm{ESR}}$ 和时间 $t$ 下的 ESR 值。

Marco Rigamonti 假设，超级电容器的工作温度恒定为 $T^{ag}$，并在时间 $t$ 下测量其在两个不同温度 $T_1^{\mathrm{ESR}}$ 和 $T_2^{\mathrm{ESR}}$ 下的值 ESR（$T_1^{\mathrm{ESR}}$）和 ESR（$T_2^{\mathrm{ESR}}$），那么可以通过考虑超级电容器在恒定温度下老化的 ESR 时间演变来计算相应的老化指标，ESR 是在不同温度 $T^{\mathrm{ESR}}$ 下测量的，由式(7-22)给出

$$\begin{aligned} K(k) &= P(k-1)h(k)\left[h^{\mathrm{T}}P(k-1)h(k)+1\right]-1 \\ P(k) &= \left[I - K(k)h^{\mathrm{T}}(k)\right]P(k-1) \\ \hat{\theta}(k) &= \hat{\theta}(k-1) + K(k)\left[z(k) - h^{\mathrm{T}}(k)\hat{\theta}(k-1)\right] \end{aligned} \tag{7-22}$$

因此，可以获得降解指标 ESR$_t^{\mathrm{norm}}$

$$\mathrm{ESR}_t^{\mathrm{norm}} = (T_1^{\mathrm{ESR}}) = \frac{\mathrm{ESR}_t}{\mathrm{ESR}_0} = \frac{\mathrm{ESR}_0(T_1^{\mathrm{ESR}}) \mathrm{e}^{C(T^{\mathrm{ag}})t}}{\mathrm{ESR}_0(T_1^{\mathrm{ESR}})} = \mathrm{e}^{C(T^{\mathrm{ag}})t}$$

$$\tag{7-23}$$

$$\mathrm{ESR}_t^{\mathrm{norm}} = (T_2^{\mathrm{ESR}}) = \frac{\mathrm{ESR}_t}{\mathrm{ESR}_0} = \frac{\mathrm{ESR}_0(T_2^{\mathrm{ESR}}) \mathrm{e}^{C(T^{\mathrm{ag}})t}}{\mathrm{ESR}_0(T_2^{\mathrm{ESR}})} = \mathrm{e}^{C(T^{\mathrm{ag}})t}$$

在实践中，Marco Rigamonti 通过考虑 ESR 在相同温度下的新电容器里的变化而提出的老化指示标准填补了关于温度与超级电容器 ESR 的测量之间关系的理论知识空白。Marco Rigamonti 认为，老化过程可以表示为离散时间间隔 $t$ 和 $t-1$ 之间的一阶马尔可夫过程

$$\mathrm{ESR}_t^{\mathrm{norm}} = \mathrm{ESR}_{t-1}^{\mathrm{norm}} \mathrm{e}^{C(T_{t-1}^{\mathrm{ag}})} + \omega_{t-1} \tag{7-24}$$

式中　$T_{t-1}^{\mathrm{ag}}$——时间 $t=t-1$ 时的老化温度；

　　　$\omega_{t-1}$——过程噪声，由温度 $T_{t-1}^{\mathrm{ag}}$ 和超级电容器的运行时间 $t-1$ 决定，与式(7-13) 中提到的顺序贝叶斯方法有关，与测量温度 $T^{\mathrm{ESR}}$ 无关。

由于 ESR 测量是在超级电容器起动期间执行的，而超级电容器老化发生在电动机运行期间，当超级电容器温度较高且与外部温度处于热平衡时，Marco Rigamonti 用两个不同的符号指示两个超级电容器温度 $T^{\mathrm{ESR}}$ 和 $T^{\mathrm{ag}}$。降解指标 $z_t$ 和退化指标 $\mathrm{ESR}_t^{\mathrm{norm}}$ 之间的关系由式(7-25) 给出

$$z_t = \mathrm{ESR}_t^{\mathrm{norm}} \left( \alpha + \beta \mathrm{e}^{-\frac{(T_t^{\mathrm{ESR}} - 273.15)}{\gamma}} \right) + \eta_t \tag{7-25}$$

式中　$T_t^{\mathrm{ESR}}$——时间 $t$ 时的测量温度；

　　　$\eta_t$——测量噪声。

基于粒子滤波器的方法用于估计当前的组件劣化状态。然后，通过式(7-25)来模拟执行对退化状态的未来演变的预测，其中从下面的分布中适当地采样老化温度上的噪声。

## 2. 基于 Gauss-Hermite 粒子滤波的预测

Gauss-Hermite 粒子滤波算法是一种应用范围广泛，效果明显的算法。在锂离子电池的寿命预测、模型的线性相关性计算等方面都有应用，但是将 Gauss-Hermite 粒子滤波应用于超级电容器的寿命预测，目前还没有取得令人完全满意的结果。尽管如此，基于超级电容器和锂离子电池在诸多方面的相似性，将 Gauss-Hermite 粒子滤波应用于锂离子电池的使用寿命预测，所得出的结果，对于超级电容器的寿命预测，也具有极大的参考价值。

吉林大学学者 Ma Yan 将 Thevenin 等效电路模型与可用容量的变化相结合，建立了基于 Gauss-Hermite 粒子滤波器（Gauss-Hermite Paricle Filter，GHPF）的锂离子电池的非线性和非高斯系统的剩余使用寿命（RUL）预测的集总参数模型，用于锂离子电池 SOC 和 SOH 的联合估计[87]。在集总参数模型中，为了提高准确度并降低超级电容器 SOH 的计算复杂度，Ma Yan 运用了多尺度扩展卡尔曼滤波器

（Multiscale Extended Kalman Filter，MEKF）。与双扩展卡尔曼滤波器（Dual-Extended Kalman Filter，DEKF）相比，MEKF 可以降低计算复杂度，提高 SOC 和 SOH 联合估计的精度。由于 MEKF 的运行速度慢，预测模型可以执行双时间尺度的锂离子电池 SOC 和 SOH 的联合估计，研究 SOH 的变化特性和 SOC 的快速变化特性。而 GHPF 可以实时更新容量劣化模型的参数，这有效提高了锂离子电池的 RUL 预测精度。因为锂离子电池的容量衰减趋势高度匹配于指数模型，所以 Ma Yan 选择指数模型作为容量退化模型。而 Ma Yan 在建模中，使用 Gauss-Hermite 滤波器（GHF）来生成重要概率密度函数以改善粒子滤波并进行仿真实验。仿真结果表明，与基于标准 PF 的方法相比，Ma Yan 所提出的 RUL 预测方法具有更好的性能和更高的精度。

模型包含两部分：用于 SOC 和 SOH 联合估计的参数模型，以及用于预测 RUL 的电池容量劣化模型。

Thevenin 等效电路模型是应用于锂离子电池 SOC 估计的最广泛的预测模型，其模型结构如图 7-12 所示。

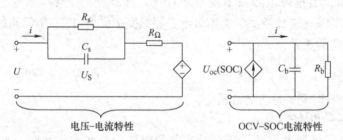

电压-电流特性　　　　　　OCV-SOC电流特性

图 7-12　用于锂离子电池 SOC 估计的戴维南等效电路模型

图 7-12 中，RC 支路表示极化特性的网络由电阻 $R_s$ 和电容器 $C_s$ 组成；内部电池电阻为 $R_\Omega$；U 表示 RC 网络所在支路电压；开路电压（Open Circuit Voltage，OCV）和 SOC 之间的关系由压控电压源 $U_{oc}(SOC)$ 表示，该 $U_{oc}(SOC)$ 相当于电流控制电流源；$C_b$ 为电池电容器；$R_b$ 为自放电电阻；U 是终端电压；i 是负载电流，并假设充电为正，放电为负。

安时积分法主要利用 Peukert 方程将实际电流变为标准电流，并采用积分时间来估算锂离子电池的 SOC。假设 $z(t)$ 表示为锂离子电池的 SOC，且令 $z(t)$ 为 0%～100% 范围内的无单位数量，则 $z(t)$ 定义为

$$z(t) = z(0) + \int_0^t \frac{\eta i(\tau)}{Q} d\tau \tag{7-26}$$

式中　$z(0)$——SOC 的初始值；

　　　$\eta$——充电和放电效率；

　　　$Q$——锂离子电池的可用容量。

根据基尔霍夫定律，电压-电流特性动态数学模型可以描述为

$$\dot{U}_s = -\frac{U_s}{R_s C_s} + \frac{i}{C_s} \tag{7-27}$$

$$U = U_{oc}(z) + U_s + iR_\Omega \tag{7-28}$$

由于可用容量在锂离子电池充放电循环期间几乎没有变化，因此 SOH 估算的容量改变模型如下：

$$Q_{k+1} = Q_k + r_k \tag{7-29}$$

式中　$Q_k$——时间 $k$ 时的可用容量；

　　　$r_k$——时间 $k$ 时的过程噪声，并且是具有零均值的白高斯噪声。

然后，我们可以获得 SOH

$$\mathrm{SOH}_k = \frac{Q_k}{Q_0} \tag{7-30}$$

式中　$Q_0$——锂离子电池的额定容量。

选择 $[z\ U_s]^{\mathrm{T}}$ 作为系统状态变量 $x$，其中 $z$ 为锂离子电池的 SOC；$i$ 作为输入；$U$ 作为输出，可以获得状态转换和测量方程。在 SOC 估计中考虑可用容量的变化的离散化，锂离子电池的 SOC 和 SOH 联合估计的电池集总参数模型可表示为

$$x_{k+1} = \begin{bmatrix} 1 & 0 \\ 0 & 1 - \dfrac{1}{R_s C_s} \end{bmatrix} x_k + \begin{bmatrix} \dfrac{\eta T_s}{Q_k} \\ \dfrac{T_s}{C_s} \end{bmatrix} i_k + \boldsymbol{\omega}_k \tag{7-31}$$

$$Q_{k+1} = Q_k + r_k \tag{7-32}$$

$$U_k = U_{oc}(z_k) + U_{s,k} + R_\Omega i_k + u_k \tag{7-33}$$

式中　$T_s$——模型抽样期；

　　　$\boldsymbol{\omega}_k$——过程噪声；

　　　$u_k$——测量噪声；

　　　$U_s$——假设在时间 $k$ 上的高斯白噪声。

综上所述，根据式(7-30)~式(7-33)，可以建立 SOC 和 SOH 联合估计的参数模型。

随着锂离子电池的老化，可用容量会降低，只有一个 SOC 和 SOH 的联合估计模型，无法准确预测出锂离子电池的老化程度，因此，还需要一个电池容量劣化模型，在本书中选择指数模型为电池容量劣化模型。

RUL 预测的指数模型可以根据经验建立

$$Q_j = a_1 \mathrm{e}^{a_2 j} + a_3 \mathrm{e}^{a_4 j} \tag{7-34}$$

式中　　　　$Q_j$——通过 SOC 和 SOH 联合估计得到的电池容量；

$a_1$，$a_2$，$a_3$ 和 $a_4$——需要识别的模型参数，其中 $a_1$ 和 $a_3$ 与电池的内部阻抗有关，

　　　　　　　　　　$a_2$ 和 $a_4$ 与电池的老化率有关；

　　　　　　$j$——充电和放电的循环次数。

综上所述，锂离子电池的电池容量劣化模型建立，自此，基于 Gauss – Hermite 粒子滤波算法的锂离子电池寿命预测模型已经建立。将这个方法应用于超级电容器，可以有效地提高超级电容器 SOH 的预测精度。

3. 基于无迹粒子滤波的预测方法

无迹粒子滤波（Unscented Particle Filter，UPF），是一种广泛应用于寿命预测、智能导航以及自动控制等领域的计算工具。西北工业大学学者 Peng Xi 等人，采用支持向量回归–无迹粒子滤波器（SVR – UPF）提出了一种改进的方法，提高了 RUL 预测结果的准确性[88]。

Peng Xi 认为，基于卡尔曼滤波（KF），无迹卡尔曼滤波（UKF）和粒子滤波（PF）的算法，总是出现粒子兼并的现象。而且，与标准 KF 和 PF 相比，UPF 可以获得更好的提议函数，从而可以更好地估计非线性和非高斯过程。因此，Peng Xi 在前面这些方法的基础上，提出了一种通过集成 SVR 和 UPF 来预测电池 RUL 的改进方法。

UPF 算法集成了 UKF 算法和 PF 算法的优点。与 UK 算法以及 PF 算法中的数据采样不同，UPF 算法使用 UKF 算法生成提议分布并获得后验概率，这样可以更准确地估计结果。

对于非线性和非高斯过程，状态空间方程可表示为

$$\begin{cases} x_k = f(x_{k-1}, U_{k-1}) \\ z_k = h(x_k, n_k) \end{cases} \tag{7-35}$$

式中  $x_k$——当前的系统状态；

$z_k$——测量值；

$U_{k-1}$——系统噪声；

$n_k$——测量噪声。

UPF 的基本理论描述如下：

（1）参数初始化：

$$\overline{x_0} = E[x_0] \tag{7-36}$$

$$p_0 = E[(x_0 - \overline{x_0})(x_0 - \overline{x_0})^T] \tag{7-37}$$

$$x_0^a = [\overline{x_0}^T \quad 0 \quad 0]^T \tag{7-38}$$

$$P_0^a = \begin{bmatrix} P_0 & 0 & 0 \\ 0 & Q & 0 \\ 0 & 0 & R \end{bmatrix} \tag{7-39}$$

（2）无迹变换：

$$x_k^a = [x_k^T \quad u_k^T \quad n_k^T]^T \tag{7-40}$$

$$\boldsymbol{P}_k^{\mathrm{a}} = \begin{bmatrix} P_k & 0 & 0 \\ 0 & Q & 0 \\ 0 & 0 & R \end{bmatrix} \tag{7-41}$$

$$\boldsymbol{x}_{k-1}^{\mathrm{a}} = \left[ \overline{x_{k-1}^{\mathrm{a}}} \quad \overline{x_{k-1}^{\mathrm{a}}} + \eta\sqrt{P_{k-1}^{\mathrm{a}}} \quad \overline{x_{k-1}^{\mathrm{a}}} - \eta\sqrt{P_{k-1}^{\mathrm{a}}} \right] \tag{7-42}$$

$$\eta = \sqrt{n+\lambda} \tag{7-43}$$

$$\lambda = \alpha^2(n+k) - n \tag{7-44}$$

$$\boldsymbol{x}_{k-1}^{\mathrm{a}} = [x_{k-1}^{\mathrm{x}} \quad x_{k-1}^{\mathrm{v}} \quad x_{k-1}^{\mathrm{n}}]^{\mathrm{T}} \tag{7-45}$$

$$W_0^{\mathrm{m}} = \frac{\lambda}{n+\lambda} \tag{7-46}$$

$$W_0^{\mathrm{c}} = \frac{\lambda}{n+\lambda} + (1-\alpha^2+\beta) \tag{7-47}$$

$$W_i^{\mathrm{m}} = \frac{1}{2(n+\lambda)} \qquad i=1,2,3,\cdots,2n \tag{7-48}$$

$$W_i^{\mathrm{c}} = \frac{1}{2(n+\lambda)} \qquad i=1,2,3,\cdots,2n \tag{7-49}$$

（3）状态和测量更新：

$$x_{k|k-1}^{\mathrm{x}} = f(x_{k-1}^{\mathrm{x}}, x_{k-1}^{\mathrm{v}}) \tag{7-50}$$

$$\overline{x_{k-1}} = \sum_{i=0}^{2n_{\mathrm{a}}} W_i^{\mathrm{m}} x_{i,k|k-1}^{\mathrm{k}} \tag{7-51}$$

$$P_{k|k-1} = \sum_{i=0}^{2n_{\mathrm{a}}} W_i^{\mathrm{c}} [x_{i,k|k-1}^{\mathrm{k}} - \overline{x_{k|k-1}^{\mathrm{x}}}][x_{i,k|k-1}^{\mathrm{k}} - \overline{x_{k|k-1}^{\mathrm{x}}}]^{\mathrm{T}} \tag{7-52}$$

$$Z_{k|k-1} = h(x_{k|k-1}^{\mathrm{x}}, x_{k|k-1}^{\mathrm{n}}) \tag{7-53}$$

$$\overline{Z_{k|k-1}} = \sum_{i=0}^{2n_{\mathrm{a}}} W_i^{\mathrm{c}} Z_{i,k|k-1} \tag{7-54}$$

$$P_{Z_{k|k-1}Z_{k|k-1}} = \sum_{i=0}^{2n_{\mathrm{a}}} W_i [Z_{i,k|k-1} - \overline{Z_{k|k-1}}][Z_{i,k|k-1} - \overline{Z_{k|k-1}}]^{\mathrm{T}} \tag{7-55}$$

$$P_{x_{k|k-1}Z_{k|k-1}} = \sum_{i=0}^{2n_{\mathrm{a}}} W_i [x_{i,k|k-1}^{\mathrm{x}} - \overline{x_{k|k-1}}][Z_{i,k|k-1} - \overline{Z_{k|k-1}}]^{\mathrm{T}} \tag{7-56}$$

$$K_k = P_{x_{k|k-1}Z_{k|k-1}} P_{Z_{k|k-1}Z_{k|k-1}}^{-1} \tag{7-57}$$

$$\overline{x_k} = \overline{x_{k|k-1}} + K_k(Z_k - \overline{Z_{k|k-1}}) \tag{7-58}$$

$$\hat{P} = P_{k|k-1} - K_k P_{Z_{k|k-1}Z_{k|k-1}} K_k^{\mathrm{T}} \tag{7-59}$$

（4）建立粒子模型：

$$\omega_k^{\mathrm{i}} = \frac{p(x_{0:k}^{\mathrm{i}}|z_{1:k})}{q(x_{0:k}^{\mathrm{i}}|z_{1:k})} = \omega_{k-1}^{\mathrm{i}} \frac{p(z_k|x_k^{\mathrm{i}})p(x_k^{\mathrm{i}}|x_{k-1}^{\mathrm{i}})}{q(x_k^{\mathrm{i}}|x_{k-1}^{\mathrm{i}}, z_k)} \tag{7-60}$$

$$\omega_k^i = \frac{\omega_k^i}{\sum\limits_{i=1}^{N} \omega_k^i} \tag{7-61}$$

式中　$p(x_{0:k}^i \mid z_{1:k})$——无迹粒子滤波之前的分布；

　　$q(x_{0:k}^i \mid z_{1:k})$——实际分布轨迹。

（5）重新采样如果有效样本量低于阈值，则应重新更新采样粒子。

$$\omega_k^i = \frac{1}{N} \tag{7-62}$$

（6）状态更新。循环数 $k$ 的估计状态及其协方差如下：

$$x_k^i = \sum\limits_{i=1}^{N} \omega_k^i x_k^i \tag{7-63}$$

$$P_k^i = \sum\limits_{i=1}^{N} \omega_k^i [x_k^i - \tilde{x}_k^i][x_k^i - \tilde{x}_k^i]^{\mathrm{T}} \tag{7-64}$$

自此，基于无迹粒子滤波的锂离子电池 SOH 和 SOC 的预测模型建立完毕。

## 7.2.4　其他预测方法

### 1. 神经网络预测

超级电容器寿命预测可等价于数据回归分析问题。神经网络是回归分析领域的经典模型，它具有很强的非线性拟合能力，可映射任意复杂的非线性关系[89]。由于寿命预测需要考量超级电容器相关的多维指标数据，各维数据间关联性不确定，因此适合神经网络模型。神经网络模型通常采用 BP（error BackPropagation，误差反向传播）算法求解，其步骤如下：输入训练样本，包括样本输入 $X$ 和期望输出 $Y$。两层权值分别为 $w_{ij}$ 和 $w_{jk}$，隐含层规定的阈值 $a$，输出层规定的阈值 $b$。输入层的神经元数 $n$，输出层节点数 $m$，确定隐含层节点数 $l$，通常根据如下公式取得或根据经验和实验确定。

$$l = \sqrt{m+n} + d \qquad 1 \leqslant d \leqslant 10 \tag{7-65}$$

式中　$i = 1, 2, 3, \cdots, n$；$j = 1, 2, 3, \cdots, l$；$k = 1, 2, 3, \cdots, m$；$d$ 为误差。

1）网络初始化。为连接权值 $w_{ij}$、$w_{jk}$ 及阈值 $a$、$b$ 赋予 [-1, +1] 区间的随机值。

2）隐含层和输出层输出计算。连接各层的权值和阈值，由输入层输入信号计算隐含层 $H_j$，再由隐含层计算输出层 $Q_k$

$$H_j = f\left(\sum\limits_{i=1}^{n} \omega_{ij} x_i - a_j\right) \tag{7-66}$$

$$Q_k = \sum_{j=1}^{1} H_j \omega_{jk} - b_k \tag{7-67}$$

3）误差计算及权值、阈值的调整。根据预测输出 $O_k$ 和期望输出 $Y$ 计算预测误差 $e_k$，并不断调整初始设定的权值和阈值。

4）不断地进行计算的顺传递与误差的逆传播，计算全局误差

$$E_k = \frac{1}{2t} \sum_{t=1}^{m} \sum_{k=1}^{m} (Y_k - O_k)^2 \tag{7-68}$$

通过判断全局误差是否趋于极小值来判断训练是否结束。

**2. 基于遗传算法的神经网络预测**

神经网络模型存在容易陷入误差函数的局部极值点、初始连接权重和阈值对结果影响大等问题。遗传算法是一种基于生物机制的全局搜索优化算法[90]。本文将两者有机结合起来，利用遗传算法优化神经网络的初始权值和阀值，再利用 BP 算法找到其最优解。

遗传算法优化 BP 神经网络的步骤如下：

1）种群初始化。对于一个具 $N$ 个输入层 $L$ 个隐含层和 $M$ 个输出层的 3 层 BP 神经网络而言，神经元的长度为

$$S = (N+1)L + (L+1)M \tag{7-69}$$

2）适应度函数。将预测样本的预测值与期望值的误差矩阵的范数作为目标函数的输出，即

$$F = \frac{1}{2} \sum_{t=1}^{s} \sum_{k=1}^{m} (Y_k - O_{ks}) \tag{7-70}$$

适应度函数采用排序的适应度函数。

3）选择、交叉与变异。采用随机遍历抽样的方式进行选择操作；交叉算子采用单点交叉算子，随机方法选出发生变异的基因。

4）重复2）和3），直到达到进化代数或者满足误差要求。通过遗传算法优化过的神经网络连接权值和阀值作为神经网络的初始权值和阈值。在此基础上进行标准的神经网络的训练。

**3. 最小二乘法**

自 20 世纪 60 年代起，国内外的学者专家对测试用例的自动生成提出了最小二乘法，并获得了较为广泛的应用。

Yoshihisa Fujita 等人提出了采用最小二乘法生成测试用例，其思想是不受限制地随机产生大量的测试用例[91]。该方法产生测试用例的成本很低，在某些抽样测试中效果较好，但是该方法的针对性较弱，在输入空间为无穷大时产生的测试用例集非常庞大，测试效率低，现在的很多工具都是采用的该方法。根据是否需要直接构成函数，最小二乘法又分为静态和动态两种形式。

　　静态最小二乘法的典型代表是符号执行法，该方法的主要思想是把符号值作为程序输入，静态"执行"指定路径的语句，从而得到变量的值。这里所谓的执行，是指按照程序执行的顺序将相应的变量用符号表达式代换。该方法的缺点为需要进行复杂的代数运算，难以处理依赖于输入变量的循环条件、数组元素下标和模块调用的情况，特别对于动态的面向对象程序不适合使用。

　　与静态法相对应的是动态法，该方法的基本思想是从输入空间中任取一个假设解作为初始输入，通过实际运行程序不断调整输入，使得程序实际执行路径向指定路径不断逼近，直到与指定路径完全一致。Korel 法是动态法的典型代表：其采用的是步进的方式执行程序，即一次只前进一个分支谓词；Korel 还提出了"谓词函数"的概念，用来度量分支谓词的接近满足程度。然而，由于 Korel 法一次只考虑一个分支谓词，使用回溯技术，所以要进行大量的迭代，浪费了大量的资源。而且由于对于非线性路径约束，该方法只能找到局部极小值，当谓词函数有多个局部极小值时显然将难以找到目标路径的解。除此之外，动态法还包括程序插装的方法和迭代松弛法，M. Gallagher 和 Neelam Guptal 分别对这两种方法进行了全面的阐述。

### 4. 卡尔曼滤波

　　卡尔曼滤波（Kalman Filtering，KF）是一种利用线性系统状态方程，通过系统输入输出观测数据，对系统状态进行最优估计的算法[92]。由于观测数据中包括系统中的噪声和干扰的影响，所以最优估计也可看作是滤波过程。

　　卡尔曼滤波器，包含有扩展卡尔曼滤波、无迹卡尔曼滤波等多种仪器。因为锂离子电池和超级电容器在结构、功能上的相似性，很多锂离子电池的寿命预测方法都可以作为超级电容器的寿命预测方法的重要参考。其中，卡尔曼滤波器就以其准确性、误差率小、追踪效果好等优点，成为锂离子电池的寿命预测领域里的常用算法，也是超级电容器寿命预测的常用算法之一。

# 参 考 文 献

[1] 黄晓斌，张熊，韦统振，等．超级电容器的发展及应用现状 [J]．电工电能新技术，2017，36 (11)：63-70.

[2] 王超，苏伟，钟国彬，等．超级电容器及其在新能源领域的应用 [J]．广东电力，2015，28 (12)：46-52.

[3] MUZAFFAR A, B AHAMED M, DESHMUKH K, et al. A review on recent advances in hybrid supercapacitors：Design, fabrication and applications [J]. Renewable and Sustainable Energy Reviews, 2019 (101)：123-145.

[4] 陈雪丹，陈硕翼，乔志军，等．超级电容器的应用 [J]．储能科学与技术，2016，5 (6)：800-806.

[5] RAMYA R, SIVASUBRAMANIAN R, SANGARANARAYANAN M V. Conducting polymers-based electrochemical supercapacitors—Progress and prospects [J]. Electrochimica Acta, 2013 (101)：109-129.

[6] IKE I S, SIGALAS I, IYUKE S, et al. RETRACTED：An overview of mathematical modeling of electrochemical supercapacitors/ultracapacitors [J]. Journal of Power Sources, 2015 (273)：264-277.

[7] 刘云鹏，李雪，韩颖慧，等．锂离子超级电容器电极材料研究进展 [J]．高电压技术，2018，44 (4)：1140-1148.

[8] 殷权，李洪娟，秦占斌，等．金属化合物超级电容器电极材料 [J]．化工进展，2016，35 (S2)：200-208.

[9] 宋维力，范丽珍．超级电容器研究进展：从电极材料到储能器件 [J]．储能科学与技术，2016，5 (6)：788-799.

[10] POONAM, SHARMA K, ARORA A, et al. Review of supercapacitors：Materials and devices [J]. Journal of Energy Storage, 2019, 21：801-825.

[11] LU X F, LI G R, TONG Y X. A review of negative electrode materials for electrochemical supercapacitors [J]. Science China Technological Sciences, 2015, 58 (11)：1799-1808.

[12] ANDER GONZÁLEZ, EIDER GOIKOLEA, JON ANDONI BARRENA, et al. Review on supercapacitors：Technologies and materials [J]. Renewable and Sustainable Energy Reviews, 2016, 58：1189-1206.

[13] MA W, CHEN S, YANG S, et al. Flexible all-solid-state asymmetric supercapacitor based on transition metal oxide nanorods/reduced graphene oxide hybrid fibers with high energy density [J]. Carbon, 2017, 113：151-158.

[14] 焦琛，张卫珂，苏方远，等．超级电容器电极材料与电解液的研究进展 [J]．新型炭材料，2017，32 (2)：106-115.

[15] 易锦馨，霍志鹏，Abdullah M. Asiri，等．电解质在超级电容器中的应用 [J]．化学进展，2018，30 (11)：1624-1633.

[16] 李作鹏，赵建国，温雅琼，等．超级电容器电解质研究进展 [J]．化工进展，2012，31 (08)：1631-1640.

[17] 张之逸, 李曦, 张超灿. 离子液体在混合超级电容器中的应用进展 [J]. 储能科学与技术, 2017, 6 (6): 1208 - 1216.

[18] LIAN K, LI C M. Solid polymer electrochemical capacitors using heteropoly acid electrolytes [J]. Electrochemistry communications, 2009, 11 (1): 22 - 24.

[19] 蒋玮, 陈武, 胡仁杰, 等. 基于超级电容器储能的微网统一电能质量调节器 [J]. 电力自动化设备, 2014, 34 (1): 85 - 90.

[20] 刘树林, 马一博, 刘健. 基于超级电容器储能的配电自动化终端直流电源设计及应用 [J]. 电力自动化设备, 2016, 36 (6): 176 - 181.

[21] 亢敏霞, 周帅, 熊凌亨. 金属有机骨架在超级电容器方面的研究进展 [J]. 材料工程, 2019, 47 (8): 1 - 12.

[22] 宋维力, 范丽珍. 超级电容器研究进展: 从电极材料到储能器件 [J]. 储能科学与技术, 2016, 5 (6): 788 - 799.

[23] 李磊, 赵卫, 柳成, 等. 超级电容器储能系统电压均衡模块研究 [J]. 电力电子技术, 2015, 52 (3): 72 - 74, 81.

[24] 景燕, 李建玲, 李文生, 等. 35V 混合超级电容器的性能研究 [J]. 电池, 2007, 37 (2): 137 - 138.

[25] 张巨瑞, 吴俊勇, 田明杰, 等. 一种蓄电池和超级电容器混合储能系统及其能量分配策略 [J]. 华北电力技术, 2015 (12): 8 - 12.

[26] 曹增新, 王登政, 李威. 智能电网储能元件超级电容器研究 [J]. 中国科技信息, 2015 (17): 26 - 30.

[27] TILIAKOS, ATHANASIOS, TREFILOV, et al. Space-Filling Supercapacitor Carpets: Highly scalable fractal architecture for energy storage [J]. Journal of Power Sources, 2018 (384): 145 - 155.

[28] 冯骁, 张建成. 超级电容器储能系统在两端供电直流微网中的电压控制方法研究 [J]. 中国电力, 2016 (3): 154 - 159.

[29] 康忠健, 李鑫. 基于超级电容器储能的修井机供电策略研究 [J]. 电气应用, 2018 (20): 65 - 70.

[30] MA T, YANG H, LU L. Development of hybrid battery-supercapacitor energy storage for remote area renewable energy systems [J]. Applied Energy, 2015 (153): 56 - 62.

[31] 李岩松, 郑美娜, 石云飞. 卷绕式超级电容器封装单元结构对其热行为影响的研究 [J]. 中国电机工程学报, 2016, 36 (17): 4762 - 4769.

[32] 郑美娜, 李岩松, 刘君. 超级电容器的热电化学耦合研究 [J]. 电源技术, 2016, 40 (7): 1382 - 1384.

[33] LYSTIANINGRUM V, HREDZAK B, AGELIDIS V G, et al. On Estimating Instantaneous Temperature of a Supercapacitor String Using an Observer Based on Experimentally Validated Lumped Thermal Model [J]. IEEE Transactions on Energy Conversion, 2015, 30 (4): 1438 - 1448.

[34] BERRUETA ALBERTO, SAN MARTÍN IDOIA HERNÁNDEZ Andoni. Electro-thermal modelling of a supercapacitor and experimental validation [J]. Journal of Power Sources, 2014, 259: 154 - 165.

[35] 夏国廷, 朱磊, 王凯, 等. 新能源汽车混合储能系统中超级电容器的热行为研究 [J]. 电

源世界，2018（7）：35-41.

［36］高希宇，吕玉祥，杨平，等．超级电容器恒流恒压充放电热特性的研究［J］．功能材料与器件学报，2014（1）：57-62.

［37］张莉，金英华，王凯．卷绕式超级电容器工作过程热分析［J］．中国电机工程学报，2013，33（9）：162-166.

［38］LI MAO. Modeling and optimization of an enhanced battery thermal management system in electric vehicles［J］. Frontiers of Mechanical Engineering, 2019, 14（1）: 65-75.

［39］LAI Y Q, HU X W, LI Y L. Influence of Bi Addition on Pure Sn Solder Joints：Interfacial Reaction, Growth Behavior and Thermal Behavior［J］. Journal of Wuhan University of Technology-Mater Sci Ed, 2019, 34（3）: 668-675.

［40］GU Y Y, SUM W C, WEI C. Thermal Management of a Li-Ion Battery for Electric Vehicles Using PCM and Water-Cooling Board［J］. Key Engineering Materials, 2019（814）: 307-313.

［41］DENG T, ZHANG G D, RAN Y. Study on thermal management of rectangular Li-ion battery with serpentine-channel cold plate［J］. 2018（125）: 143-152.

［42］SHIN D, PONCINO M, MACII E. Thermal Management of Batteries Using Supercapacitor Hybrid Architecture with Idle Period Insertion Strategy［J］. IEEE Transactions on Very Large Scale Integration (VLSI) Systems, 2018（99）: 1-12.

［43］EVANS A, STREZOV V, EVANS T J. Assessment of utility energy storage options for increased renewable energy penetration［J］. Renewable and Sustainable Energy Reviews, 2012, 16（6）: 4141-4147.

［44］张纯江，董杰，刘君，等．蓄电池与超级电容混合储能系统的控制策略［J］．电工技术学报，2014，29（4）：334-340.

［45］桑丙玉，陶以彬，郑高，等．超级电容-蓄电池混合储能拓扑结构和控制策略研究［J］．电力系统保护与控制，2014，42（2）：1-6.

［46］YANG Z, ZHANG J, KINTNER-MEYER M C W, et al. Electrochemical energy storage for green grid［J］. Chemical Reviews, 2011, 111（5）: 3577-3613.

［47］AKINYELE D O, RAYUDU R K. Review of energy storage technologies for sustainable power networks［J］. Sustainable Energy Technologies and Assessments, 2014（8）: 74-91.

［48］FLETCHER S I, SILLARS F B, CARTER R C, et al. The effects of temperature on the performance of electrochemical double layer capacitors［J］. Journal of Power Sources, 2010, 195（21）: 7484-7488.

［49］MELLER M, MENZEL J, FIC K, et al. Electrochemical capacitors as attractive power sources［J］. Solid State Ionics, 2014（265）: 61-67.

［50］HADJIPASCHALIS I, POULLIKKAS A, EFTHIMIOU V. Overview of current and future energy storage technologies for electric power applications［J］. Renewable and Sustainable Energy Reviews, 2009, 13（6-7）: 1513-1522.

［51］MUNCHGESANG W, MEISNER P, YUSHIN G. Supercapacitors specialities-Technology review［C］. Freiberg, Germany, 2014：196-203.

［52］JAYALAKSHMI M, BALASUBRAMANIAN K. Simple capacitors to supercapacitors-an overview

[J]. International Journal of Electrochemical Science, 2008 (3): 1196 - 1217.

[53] MARIE-FRANCOISE J N, GUALOUS H, BERTHON A. Supercapacitor thermal-and electrical-behaviour modelling using ANN [J]. IEE Proceedings: Electric Power Applications, 2006, 153 (2): 255 - 262.

[54] 闫晓磊, 钟志华, 李志强, 等. HEV 超级电容自适应模糊神经网络建模研究 [J]. 湖南大学学报 (自然科学版), 2008, 35 (4): 33 - 36.

[55] FARSI H, GOBAL F. Artificial neural network simulator for supercapacitor performance prediction [J]. Computational Materials Science, 2007, 39 (3): 678 - 683.

[56] 赵洋, 梁海泉, 张逸成. 电化学超级电容器建模研究现状与展望 [J]. 电工技术学报, 2012, 27 (03): 188 - 195.

[57] TONG H, CHEN D, PENG L. Analysis of Support Vector Machines Regression [J]. Foundations of Computational Mathematics, 2009, 9 (2): 243 - 257.

[58] 杜树新, 吴铁军. 用于回归估计的支持向量机方法 [J]. 系统仿真学报, 2003, 15 (11): 1580 - 1585.

[59] 李瑾, 刘金朋, 王建军. 采用支持向量机和模拟退火算法的中长期负荷预测方法 [J]. 中国电机工程学报, 2011, 31 (16): 63 - 66.

[60] 尉军军, 全力, 彭桂雪, 等. 基于最小二乘支持向量机的励磁特性曲线拟合 [J]. 电力系统保护与控制, 2010, 38 (11): 15 - 17, 24.

[61] 肖谧, 宿玉鹏, 杜伯学. 超级电容器研究进展 [J]. 电子元件与材料, 2019, 38 (9): 1 - 12.

[62] 王彦庆. 超级电容器在智能电网中的应用 [J]. 电子元件与材料, 2014, 33 (1): 79 - 80.

[63] 丁明, 林根德, 陈自年, 等. 一种适用于混合储能系统的控制策略 [J]. 中国电机工程学报, 2012, 32 (7): 1 - 6, 184.

[64] 丁石川. 超级电容关键技术及其在电动汽车中的应用研究 [D]. 南京: 东南大学, 2018.

[65] 张雷, 胡晓松, 王震坡. 超级电容管理技术及在电动汽车中的应用综述 [J]. 机械工程学报, 2017, 53 (16): 32 - 43, 69.

[66] 赵亮, 刘炜, 李群湛. 城市轨道交通超级电容储能系统的 EMR 建模与仿真 [J]. 电源技术, 2016, 40 (1): 124 - 127, 165.

[67] 何黎娜. 基于超级电容的地铁再生制动能量回收系统的研究 [D]. 长沙: 湖南大学, 2018.

[68] 时洪雷. 超级电容器参数老化趋势预测 [D]. 大连: 大连理工大学, 2017.

[69] 顾帅, 韦莉, 张逸成, 等. 超级电容器老化特征与寿命测试研究展望 [J]. 中国电机工程学报, 2013, 33 (21): 145 - 153, 204.

[70] 刘中财, 严晓, 余维, 等. 锂离子电池健康状态新型测定方法 [J]. 电源技术, 2019, 43 (1): 74 - 76, 157.

[71] 郭永芳, 黄凯, 李志刚. 基于短时搁置端电压压降的快速锂离子电池健康状态预测 [J]. 电工技术学报, 2019, 34 (19): 3968 - 3978.

[72] 魏婧雯. 储能锂电池系统状态估计与热故障诊断研究 [D]. 合肥: 中国科学技术大学, 2019.

［73］ZHOU Y T, HUANG Y N, PANG J B, et al. Remaining useful life prediction for supercapacitor based on long short-term memory neural network. Journal of Power Sources, 2019 (440): 1 - 9.

［74］朱丽群, 张建秋. 一种联合锂电池健康和荷电状态的新模型 ［J］. 中国电机工程学报, 2018, 38 (12): 3613 - 3620, 21.

［75］许雪成, 刘恒洲, 卢向军, 等. 超级电容器容量寿命预测模型研究 ［J］. 电源技术, 2019, 43 (2): 270 - 272, 282.

［76］姚芳, 张楠, 黄凯. 估算锂电池 SOC 的基于 LM 的 BP 神经网络算法 ［J］. 电源技术, 2019, 43 (9): 1453 - 1457.

［77］李练兵, 祝亚尊, 田永嘉, 等. 基于 Elman 神经网络的锂离子电池 RUL 间接预测研究 ［J］. 电源技术, 2019, 43 (6): 1027 - 1031.

［78］史建平, 李蓓, 刘明芳. 基于自适应神经网络的电池寿命退化的预测 ［J］. 电源技术, 2018, 42 (10): 1488 - 1490.

［79］商云龙. 车用锂离子动力电池状态估计与均衡管理系统优化设计与实现 ［D］. 济南: 山东大学, 2017.

［80］王党树, 王新霞. 基于扩展卡尔曼滤波的锂电池 SOC 估算 ［J］. 电源技术, 2019, 43 (9): 1458 - 1460.

［81］安治国, 田茂飞, 赵琳, 等. 基于自适应无迹卡尔曼滤波的锂电池 SOC 估计 ［J］. 储能科学与技术, 2019, 8 (5): 856 - 861.

［82］周頔, 宋显华, 卢文斌, 等. 基于日常片段充电数据的锂电池健康状态实时评估方法研究 ［J］. 中国电机工程学报, 2019, 39 (1): 105 - 111, 325.

［83］郭向伟, 华显, 付子义, 等. 模型参数优化的卡尔曼滤波 SOC 估计 ［J］. 电子测量与仪器学报, 2018, 32 (8): 186 - 192.

［84］唐帅帅, 高迪驹. 基于自适应卡尔曼滤波的磷酸铁锂电池荷电状态估计研究 ［J］. 电子测量技术, 2018, 41 (14): 1 - 5.

［85］GERMAN R, SARI A, VENET P, et al. Ageing law for supercapacitors floating ageing ［C］. 2014 IEEE 23rd International Symposium on Industrial Electronics (ISIE). IEEE, 2014: 1773 - 1777.

［86］RIGAMONTI M, BARALDI P, ZIO E, et al. Particle filter-based prognostics for an electrolytic capacitor working in variable operating conditions ［J］. IEEE Transactions on Power Electronics, 2015, 31 (2): 1567 - 1575.

［87］MA Y, CHEN Y, ZHOU X, et al. Remaining Useful Life Prediction of Lithium-Ion Battery Based on Gauss-Hermite Particle Filter ［J］. IEEE Transactions on Control Systems Technology, 2018, 27 (4): 1788 - 1795.

［88］PENG X, ZHANG C, YU Y, et al. Battery remaining useful life prediction algorithm based on support vector regression and unscented particle filter ［C］. 2016 IEEE International Conference on Prognostics and Health Management (ICPHM). IEEE, 2016: 1 - 6.

［89］CHAOUI H, IBE-EKEOCHA C C. State of charge and state of health estimation for lithium batteries using recurrent neural networks ［J］. IEEE Transactions on vehicular technology, 2017, 66 (10): 8773 - 8783.

［90］YANG H, YANG Y, DONG D, et al. An improved genetic Hopfield neural networks based on

ty model for solving travelling salesman problem ［C］. 2012 8th International Conference
on Natural Computation. IEEE, 2012: 168 – 171.
[91] FUJITA Y, IKUNO S, ITOH T, et al. Modified Improved Interpolating Moving Least Squares
Method for Meshless Approaches ［J］. IEEE Transactions on Magnetics, 2019, 55 (6): 1 – 4.
[92] ANTONIOU C, BEN-AKIVA M, KOUTSOPOULOS H N. Nonlinear Kalman filtering algorithms for
on-line calibration of dynamic traffic assignment models ［J］. IEEE Transactions on Intelligent
Transportation Systems, 2007, 8 (4): 661 – 670.